CUSTOMER SATISFACTION

피부미용 CS 고객관리

메디시안

머리말

현대 사회는 기업 간의 경쟁이 가속화되고 국제화 시대와 4차 산업혁명 시대 발달로 경제활동의 중심인 고객가치를 만족하게 하기 위한 기업경영의 중요성이 증가하고 있습니다.

고객들의 욕구가 다양해짐에 따라 고객의 불만도 다양하게 발생하여 각 기업은 감정노동, 블랙컨슈머 등 고객과 관련한 체계적인 CS 고객전략에 관심을 기울이며, 현장 CS 고객관리 처리에 대한 담당자의 역할을 중요시하고 있습니다.

기존 CS 전문서적은 이론적이며 활용하기에 한계가 있는 추상적인 내용으로, 현장에서 활용하기에 어려움을 겪는 CS 담당자들이 많이 있습니다.

이 책은 이론과 현장 실무중심의 CS 고객관리 서적으로 글로벌 에스테틱 리더 약손명가의 현장 교육시스템 노하우를 담아 국내 저명한 피부미용 CS 관련 학과 교수 및 약손명가 원장을 대표하여 19인의 원장 · 교수들이 협력, 집필에 참여하였습니다.

지난 40년간 쌓아온 약손명가만의 체계적인 노하우를 공유하는 이유는 국내 혹은 해외에서 피부미용을 목표로 공부하는 학생들이 학교 교육과 기업현장에서 행복하게 꿈을 펼쳐 나가기를 바라는 마음입니다.

이책은 대한민국의 피부미용 업계가 글로벌 선두주자로 자리매김해야 한다는 마음을 담은 책으로 이 책을 통해 피부미용 정보화 시대 맞춤형 인재 양성과 배양 교육이 발전하기를 기대하고, 기업현장에서는 피부미용 인재들의 창의력 개발 및 경로 지침서로 활용될 수 있기를 바랍니다.

기해년 새봄에

대표저자 ㈜ 약손명가 대표 이병철

차례

Chapter I. 이미지 메이킹

1st Week 오리엔테이션

2nd Week 직업윤리와 인성

3rd Week 말하기를 통한 이미지 메이킹

4th Week 뷰티 이미지 메이킹

5th Week 감정조절과 스트레스 관리

Chapter Ⅱ. 매너와 에티켓

6th Week 매너와 에티켓의 이해

차례

7th Week 전화응대 서비스 매너

9th Week 글로벌 매너

Chapter Ⅲ. 심리의 이해

10th Week 내부고객의 심리

차례

Chapter 1

이미지 메이킹

1주–오리엔테이션
2주–직업윤리와 인성
3주–말하기를 통한 이미지 메이킹
4주–뷰티 이미지 메이킹
5주–감정조절과 스트레스 관리

Chapter 1 이미지 메이킹

1st week

오리엔테이션

명 언

미소 짓지 않으려거든 가게 문을 열지 말라.

by 유태인 속담

1. 이 책의 개요

Chapter 1 이미지 메이킹에서는 직업의 윤리와 인성, 말하기를 통한 이미지 메이킹을 설명하고, 감성 연출과 뷰티스타일링의 이미지 메이킹에서는 상대방을 배려하는 마음을 바탕으로 인간관계에서 호감을 주며 원활한 의사소통을 할 수 있도록 표정과 바른 자세 연출, 자신의 개성과 직업, 신분에 맞는 이미지 연출, 피부관리사의 상황별 바른 자세에 대해 설명하였다. 또한, 감정조절과 스트레스 관리를 잘하여 건강한 생활양식과 시간 관리로 고객과의 관계도 원활히 할 수 있도록 하였다.

Chapter 2 매너와 에티켓의 이해에서는 피부관리사가 갖추어야 할 근무 매너와 외부고객 응대 매너, 전화응대 및 해외취업에 대비한 글로벌 매너에 대해 구체적으로 설명하고, 성격유형에 대한 설명과 함께 자신의 성격유형을 파악하여 내 · 외부고객과의 원만한 관계가 유지될 수 있도록 도움이 되고자 하였다.

Chapter 3 심리의 이해에서는 내부고객의 이해와 심리이해, 상급자와 동료에 대한 심리이해, 그리고 부하직원에 대한 심리이해를 하도록 하였고 외부고객의 이해와 외부고객의 심리이해, 유형별 이해에 대해 알고 적용할 수 있도록 하였다.

Chapter 4 커뮤니케이션에서는 커뮤니케이션의 개요 및 목적, 언어적, 비언어적 커뮤니케이션의 습득과 소통, 경청에 대해 이해하고 커뮤니케이션의 스킬을 습득하도록 하였으며 내부고객과 외부고객을 위한 커뮤니케이션에 대해 이론뿐 아니라 실전과 같은 현장감 있는 교육을 할 수 있도록 하였다.

2. CS란 무엇인가?

1. CS란

Customer Satisfaction 즉, 고객만족을 의미하며 Customer Service(고객서비스)라는 뜻으로 사용하기도 한다.

2. CS의 활용

모든 산업분야는 최상의 고객 만족을 위해 노력하고 있으며 피부미용 산업에서도 어떤 분야보다 고객과 밀접한 관계에 있으므로 CS는 가장 중요하다고 할 수 있다.

또한, 고객의 소리(VOC, voice of Customer)에도 귀를 기울여 니즈(needs)를 파악하고 불만을 줄이도록 노력하여 보다 나은 관계 유지를 통해 고객만족도를 높이기 위한 CS 교육의 필요성이 확대되고 있다.

본 교재에서는 피부미용을 전공하는 전문가가 갖추어야 할 직업윤리와 인성, 감정조절 및 스트레스 관리, 감성 연출과 뷰티스타일링의 이미지 메이킹, 매너와 에티켓, 해외 취업에 대비한 글로벌 매너에 대해 공부하도록 하였다. 또한, 직원인 내부고객과 고객인 외부고객의 심리와 내부고객의 CS, 내 · 외부고객의 커뮤니케이션에 대해 이론뿐 아니라 실전과 같은 현장감 있는 교육을 할 수 있는 교재라고 자부한다.

3. 주차별 강의계획

주차	단원명	학습 내용
1주 차	오리엔테이션	1. 이 책의 개요에 대해 설명한다. 2. CS란 무엇인가에 대해 오리엔테이션을 한다.
Chapter 1. 이미지 메이킹		
2주 차	직업윤리와 인성	직업윤리의 의미와 개인윤리의 조화, 바람직한 직업인이 가져야 할 윤리 및 직장인의 인성과 실제, 피부관리실에서 필요한 실전상황에 대해 다룬다.
3주 차	말하기를 통한 이미지 메이킹	목소리, 호흡, 말투에 대한 이론 및 실습을 한다.
4주 차	뷰티·패션 이미지 메이킹	표정 연출 이미지 메이킹의 바른 자세와 태도, 이미지 메이킹, 용모에 따른 헤어와 메이크업, 뷰티 스타일링을 통한 이미지 메이킹을 학습한다.
5주 차	감정조절과 스트레스 관리	스트레스란 무엇이며 현대인의 스트레스 관리 그리고 감정노동 서비스직, 감정노동에 대한 스트레스 관리와 나만의 인생 설계- 버킷리스트를 작성한다.
Chapter 2. 매너와 에티켓		
6주 차	매너와 에티켓의 이해	매너와 에티켓, 고객 서비스 응대 매너, 고객(외부고객) 서비스 응대 매너에 대해 학습한다.
7주 차	전화응대 서비스 매너	전화응대의 특징과 구성 요인, 전화응대의 원칙, 전화 걸 때의 예절, 전화 받을 때의 예절, 각종 문의전화 안내 예절과 네티켓을 학습한다.
8주 차	중간평가	

주차	단원명	학습 내용
9주 차	글로벌 매너	국제 문화와 이해를 통하여 동·서양 문화와 국가별 매너를 배운다.
Chapter 3. 심리의 이해		
10주 차	내부고객의 심리	내부고객의 이해, 내부고객의 심리이해, 상급자와 동료에 대한 심리이해, 그리고 부하직원에 대한 심리 이해에 대해 학습한다.
11주 차	외부고객의 심리	외부고객의 이해와 외부고객의 심리이해, 외부고객의 유형별 이해에 대해 학습한다.
Chapter 4. 커뮤니케이션		
12주 차	커뮤니케이션의 개요 및 목적	커뮤니케이션의 정의와 유형, 효과적인 커뮤니케이션에 대해 학습한다.
13주 차	내부 고객을 위한 커뮤니케이션	공식 관계에 따른 커뮤니케이션 종류, 내부 직원 만족 마케팅, 사내 커뮤니케이션 채널, 사내 커뮤니케이션 문화 사례에 대해 학습한다.
14주 차	외부고객을 위한 커뮤니케이션	협상, 설득, 컴플레인과 클레임, 고객의 유형별 불만 대처방법에 대해 학습한다.
15주 차	기말평가	

Chapter 1 이미지 메이킹

2nd week

직업윤리와 인성

학습 목표

- 직업윤리의 의미를 이해할 수 있다.
- 직업윤리와 개인윤리의 관계를 이해하고 설명할 수 있다.
- 직장생활에서 근면, 정직, 성실의 의미를 이해하고 중요성을 설명할 수 있다.
- 피부관리사로서 책임을 다하고 양심과 건강을 지켜야 하는 중요성을 이해하고 직장생활에 적용할 수 있다.
- 직장 내 인간관계에서 소통의 의미를 이해하고 실행할 수 있다.
- 직장생활에서 필요한 마음가짐을 이해하고 실천할 수 있다.
- 피부관리사의 행동규범을 이해하고 실천할 수 있다.

명 언

You don't have to win every argument. Agree to disagree.
모든 싸움에서 꼭 이길 필요는 없다. 서로의 의견 차이를 인정하라.

By 레지나 브렛(Regina Brett, [45 lessons in life] 1956~)

1. 직업윤리의 의미

직업(職 : 직분 직, 業 : 업 업)이란 생계를 유지하기 위하여 일정 기간 동안 계속하여 종사하는 일을 말하며 윤리(倫 : 인륜 윤, 理 : 다스릴 이)란 사람으로서 마땅히 행하거나 지켜야 할 사회적 규범을 말한다.

따라서 직업윤리란 개인윤리를 바탕으로 각자가 직업에 종사하는 과정에서 요구되는 규범으로 원만한 직업 생활을 위해 직업인이 갖추어야 할 기본 덕목이라 할 수 있다.

특히 피부관리사라는 직업은 타인에게 아름다움을 주고 사회적 공헌, 만족감, 명예 등의 자아실현과 더불어 생활에 필요한 경제적 보상까지를 제공한다.

피부관리사는 공사(公私)의 구분, 동료와의 협조, 전문성, 책임감, 사회적 책임 등 직업윤리의 확립을 통해 존경받는 직업인으로서 사회발전에 기여해야 할 것이다.

2. 직업윤리와 개인윤리의 조화

직업윤리는 개인윤리에 비해 특수성을 갖고 있다. 예를 들어 개인윤리의 덕목에는 타인에 대한 물리적 행사(폭력)가 절대 금지되어 있지만, 경찰관이나 군인 등의 경우 필요한 상황에서 그것이 허용된다는 점을 생각하면 그 특수성을 이해하기 쉬울 것이다.

특히 피부관리사는 전문직으로서 오랜 시간 고도의 교육과 훈련과정을 거쳐 자격을 취득하고 공인을 받은 직업으로 독점적 지식과 기술로 독립적인 지위를 갖기에 직업윤리와 개인윤리의 조화를 이루어야 한다.

피부관리사의 환경과 윤리의식 Check Point

① 개인의 판단과 행동이 업무상 영향력이 큰 기업시스템을 통하여 다수의 관계자와 관계가 된다.
② 수많은 사람이 관련되어 고도화된 공동의 협력을 요구하므로 맡은 역할에 대한 책임 완수가 필요하고, 정확하고 투명한 일 처리가 필요하다.
③ 고객의 피부와 공동의 재산, 개인정보를 개인의 권한 하에 위임, 관리하므로 높은 윤리 의식이 필요하다.
④ 직장이라는 특수상황에서 갖는 집단적 인간관계는 가족관계, 개인적 선호에 의한 친분관계와는 다른 측면의 배려가 요구된다.
⑤ 직무에서 오는 특수한 상황에서는 개인적 덕목 차원의 일반적인 상식과 기준으로는 규제할 수 없는 경우가 많다.

직업윤리가 기본적으로 개인윤리를 바탕으로 성립되는 규범이기는 하지만, 상황에 따라 충돌하거나 배치되는 경우도 발생한다. 개인윤리는 보통 상황에서의 일반적 원리 규범이며 직업윤리는 좀 더 구체적 상황에서의 실천규범으로 개인윤리를 바탕으로 성립된다.

업무 수행상 양자가 충돌할 경우 행동기준은 직업윤리가 우선되어야 하지만 기본적 윤리에 충실하며 개인적 윤리의 준수와 공인으로서의 직분을 실천하려는 지혜와 노력이 필요하다.

3. 바람직한 직업인이 가져야 할 윤리의식

1. 근로 윤리

근로 윤리란 일에 대한 존중을 바탕으로 근면하고 성실하며 정직하게 업무에 임하는 자세를 말한다.

1) 근면

근면(勤 : 부지런할 근 勉: 힘쓸 면)이란 '부지런하게 힘을 써서 행동한다.'라는 의미로 작업을 수행할 때 게으르지 않고 부지런히 움직여 피부관리실에 도움이 되는 태도를 의미한다.

근면의 종류는 다음과 같다.

(1) 외부로부터 강요당하는 근면

일반적으로 우리는 일을 많이 하고 싶은 욕망보다는 편히 쉬고 싶은 욕망을 느낄 때가 많다. 자기가 주인이 되어서 하는 일이 아니라, 돈을 받고 남의 일을 할 경우에는 더욱 쉬고 싶은 욕망이 앞서는 것이 사람의 심리이다.

따라서 돈을 벌기 위해서 어쩔 수 없이 기계적으로 시키는 일만 하는 경향이 있는데 억지로 일을 할 때는 그 일이 부담스러워지고 시간이 지루하며 괴롭게 느껴지게 된다. 이렇게 직장에서의 시간을 보내면 결국에는 자신의 능력과 생활이 향상되지 않고 보람을 느끼지 못하는 상태가 된다.

(2) 자진해서 하는 근면

자진해서 하는 근면은 적극적이고 능동적인 자세로 임하여 업무 활동에서의 성과를 자신의 능력향상으로 생각하고 일을 하는 것을 말한다. 창조하면서 조금씩 자신을 발전시켜 나가게 되고, 시간의 흐름에 따라 자아를 확립시켜 가게 되는 것이다.

예를 들어 피부관리에 관한 지식을 쌓기 위해 스스로 자신의 학습패턴에 맞게 시간을 정하여 일정량을 꾸준히 공부한다면, 일정기간이 지난 후 괄목할만한 실력을 갖추게 된다.

근면하기 때문에 성공한 사람은 있어도 게을러서 성공했다는 사람의 이야기는 어디에도 없듯이 근면은 성공을 이루는 데 큰 역할을 한다. 외부 조건으로부터 강요에 의해서가 아닌 자진해서 능동적이고 적극적인 태도를 갖고 업무를 수행한다면 일하는 시간이 즐겁고 더욱 보람을 느끼게 될 것이다.

Active Running

<table>
<tr><td rowspan="2">활동과제</td><td>[사례]
제가 업무를 하면서 사랑받을 수 있었던 이유는 첫 번째, 한번 알려주신 것들을 메모하였기 때문입니다. 왜냐하면, 처음 일하는 곳이고 내 기억력에는 한계가 있다는 것을 느끼고 실수하지 않도록 배운 것을 메모하고 내가 잘했는지 빠뜨린 것은 없는지 체크해 두었습니다.
두 번째, 적극적으로 행동하기입니다. 무엇보다 배우는 입장이기 때문에 모르는 것이 있으면 바로 여쭤보고 곧바로 행동하였습니다.
세 번째, 항상 부족한 부분이 있더라도 속상해하지 않고 노트에 적어서 출퇴근 시간에 공부하였습니다. 그러다 보니 실력향상에 도움이 많이 되었고 고객관리 시에도 많은 도움이 되었습니다.
마지막으로 출퇴근 시간을 정확히 지키기입니다. 직장생활에서의 출근시간은 고객, 동료와의 약속이기 때문에 출근 시간 15분 전에 여유롭게 출근하여 고객을 맞을 준비를 합니다. 시간을 잘 지키니 고객이 조금 일찍 오셔도 바로 응대할 수 있어 업무를 효율적으로 할 수 있었습니다.
– 약손명가 성공사례집 中</td></tr>
<tr><td>[과제]
※ 위의 사례를 읽고 직장에서의 근면한 행동에 대하여 작성해 봅시다.

① 업무시간에는 개인적인 일을 하지 않는다.
② 주어진 일을 잘 수행하기 위하여 메모하고 기억한다.
③
④
⑤
⑥
⑦
⑧
⑨
⑩</td></tr>
</table>

2) 정직

정직(正 : 바를 정, 直: 곧을 직)이란 '바르고 곧은 행동을 하는 것'을 의미한다.

피부관리실은 구성원들이 협력하여 고객관리를 하는 곳으로 무엇보다 구성원 간의 신뢰가 중요하다. 피부관리실에서의 업무와 관련된 모든 것을 숨김없이 정직하게 수행하고 역할을 해냄으로써 동료와의 신뢰를 쌓을 수 있다.

예를 들어 지각 하지 않고 정해진 출근 시간을 잘 지키는 것, 근무 시간에 개인적인 용무로 자리를 비우지 않는 행동이 가장 기본적인 정직한 행동이라 볼 수 있다.

또한 실수를 했더라도 자신의 입장과 처지를 보호하기 위해 거짓말을 하지 않고 솔직하게 밝히고 그에 대한 조치를 취하는 것이 정직을 통한 신뢰를 쌓는 방법이다.

피부관리실은 서로가 정직하게 행동하여 신뢰를 쌓았을 때 협력할 수 있고 오랫동안 유지될 수 있다.

정직과 신용을 구축하기 위한 4가지 지침 *Check Point*

① 매일 조금씩 신뢰를 쌓아가자.
② 잘못된 것도 정직하게 밝히자.
③ 정직하지 못한 것을 눈감아 주지 말자.
④ 부정직한 관행을 인정하지 말자.

Active Running

<table>
<tr><td rowspan="2">활동과제</td><td>[사례]
피부관리실에서 근무하는 A관리사는 후배 관리사인 B관리사가 피부관리 순서를 다르게 하는 것을 보고 관리 순서에 대하여 이야기를 나눴다.

A : "B관리사님, 아까 피부관리 순서가 조금 다른 것 같던데 다시 알려줄게요."
B : "어... 저는 C관리사님께서 알려주신데로 했을 뿐입니다."
B관리사는 순서 틀린 것으로 혼날까봐 C선생님께 배웠다고 거짓말을 해버렸다.</td></tr>
<tr><td>[활동]
① 직장 내에서 이와 같은 행동을 하는 B관리사의 문제점은 무엇인가?

② B관리사가 틀린 것을 인정하는 것이 좋은지, 혼나지 않기 위해 숨기는 것이 좋을지에 대해 토론해 봅시다.</td></tr>
</table>

3) 성실

성실(誠 : 정성 성, 實: 열매 실)은 '정성스럽게 꾸준히 행동하여 열매를 맺는 것'을 의미한다. 피부관리사로서 어떤 열매를 맺고 싶은지 먼저 생각하고, 어떻게 하면 꾸준히 행동할 수 있을지 방법을 찾아가며 이루고, 성취감을 얻는 것이 성실의 가장 큰 의의이다.

Example

제가 한결같은 마음으로 이 피부관리실을 운영할 수 있는 노하우는 내가 원하는 삶을 위한 노력임을 잊지 않고 일관성 있게 행동하기 때문입니다.

저는 부하직원들이 저와 고객을 위하여 일을 하기에 항상 감사함을 표현하고, 교육도 꾸준히 받아서 부하직원들에게 이해할 수 있도록 해 주어야 제가 원하는, 누구나 관리 받고 싶어하는, 팀워크가 좋은 피부관리실을 운영할 수 있다고 생각합니다. 항상 '꾸준히, 정성스럽게, 진심으로'라는 단어를 생각하며 일하니 제가 원하는 삶을 살 수 있게 되었습니다. 앞으로도 제가 원하는 삶을 위해 꾸준히 행동할 것입니다.

—약손명가 '성공 사례집' 중에서

4) 피부관리사의 행동 규범

(1) 윤리코드

① 능력(Competency): 피부관리사들은 고객에 대한 자신의 능력, 교육, 훈련과 경험치를 정확히 표현해야 한다. 고객에게 영향을 줄 수 있는 요인들을 정직하게 평가하고 고객이 관리를 받을 때 최상의 관심은 무엇이고 어떤 것을 참고해야 하는 지를 결정해야 한다.

② 전문적인 표현법(Professional Representation): 피부관리사들은 자신의 직업이미지에서 행동으로 보일 수 있는 영향력과 진정성을 표현한다. 대중적인 표현법, 유튜브(youtube), 드라마와 SNS와 같은 광고 · 매체 노출은 정확하고 전문적이면서 도덕적인 자신을 나타내야 한다

③ 사전 동의(Informed Consent): 피부관리사들은 제시된 관리방법에 대한 현명한 결정을 위해 고객에게 필요한 모든 사전 정보를 제시해야 한다.

④ 비밀보장(Confidentiality): 이름, 주소와 연락처를 비롯한 고객에 관련된 모든 정보를 기재하되, 고객의 동의없이 고객 정보가 유출되는 것은 절대 안 된다.

2. 공동체 윤리

1) 봉사

봉사의 사전적 의미는 '나라나 사회 또는 남을 위하여 자신의 이해를 돌보지 않고 몸과 마음을 다하여 일하는 것'을 의미한다. 현대사회의 직업인에게 봉사란 자신보다는 고객의 가치를 최우선으로 하는 서비스 개념이다.

고객은 회사의 발전을 도와주는 기반이기에 고객에게 신뢰받고 사랑받는 회사는 발전하고 고객에게 외면당하는 회사는 쇠퇴한다. 그러므로 회사는 항상 고객의 입장에서 고객이 필요로 하는 것이 무엇이며, 고객이 만족하는 품질수준은 무엇인가를 생각하고, 체계적인 노력을 기울여 좋은 설계, 철저한 생산관리, 만족스런 서비스를 제공하기 위하여 모든 역량을 발휘하도록 노력해야 한다.

고객의 소리를 경청하고 요구사항을 해결하기 위하여 힘쓰는 것은 기업 활동의 시작이자 끝으로 고객이 원하는 것을 파악하여 좋은 상품을 만드는 바탕이 되며, 좋은 서비스를 제공하기 위한 시발점이기도 하다. 아무리 우수한 상품도 높은 수준의 서비스가 뒤따르지 않으면 고객은 만족할 수 없으며 고객만족의 성패는 상품과 함께 제공되는 서비스에 결정된다고 볼 수 있다.

Check Point

"SERVICE"의 7가지 의미

- S(Smile & Speed) : 미소와 함께 신속하게 일을 처리하는 것
- E(Emotion) : 감동을 주는 것
- R(Respect) : 고객을 존중하는 것
- V(Value) : 고객에게 가치를 제공하는 것
- I(Image) : 고객에게 좋은 이미지를 심어 주는 것
- C(Courtesy) : 예의를 갖추고 정중하게 대하는 것
- E(Excellence) : 고객에게 탁월하게 제공되어져야 하는 것

2) 책임

책임(責 : 꾸짖을 책, 任 : 맡을 임)의 사전적 의미는 '맡아서 행해야 할 의무나 임무'로 조직에서의 책임이란 '공헌, 봉사'의 의미를 함께 갖는다고 볼 수 있다. 자신에게 주어진 환경을 인지하고 자신을 성장시켜 줄 절호의 기회라고 받아들여 해결하려는 태도, 그 과정에서 문제가 생기더라도 자신이 노력하고 해결하고자 하는 태도를 책임감 있는 태도라고 볼 수 있다.

직장의 구성원들은 스스로를 "관리자"로 인식하여야 하며, 자신의 목표를 회사조직의 목표와 일치시키고, 공헌할 수 있는 부분이 무엇인가에 대해 고민하여야 하는데 이것이 바로 책임이다.

삶을 살아가면서 생겨나는 사건이나 상황에 대해서 "왜 하필 나에게 일어났을까?"라는 피해의식을 가질 수도 있고 '이것은 내가 선택한 행동의 결과야.'라고 그 일에 대해서 책임을 갖게 될 수도 있다.

일반적으로 책임감이 없는 사람은 회사에서 불필요한 사람으로 인식을 받기 쉽고, 반대로 자기 일에 대한 사명감과 책임감이 투철한 사람은 여러 사람에게 도움을 많이 주므로 조직에서 꼭 필요한 사람으로 인식되는 경우가 많다. 그러므로 자기의 직분과 역할에 최선을 다하고 자기가 맡은 책임을 완수할 줄 아는 사람이 되어야 할 것이다.

Active Running

<table>
<tr><td rowspan="2">활동과제</td><td>[사례]
신입관리사 시절에는 쉬는 날에 항상 친구들과 약속을 잡고 친구들과 만나서 할 일들을 생각하면서 일을 하였습니다. 그러다 보니 고객관리를 할 때에도 다른 생각을 하게 되고 점점 일에 대한 즐거움과 열정이 사라지는 것을 느꼈습니다.
그 때 제가 가져야 할 마음가짐을 다시 생각해 보았습니다.
피부관리사로서 '고객에게 아름다움을 드리는 것'이 제가 맡은 임무이며 그에 대한 책임을 져야 한다고 깨달았습니다. 그래서 동료들과의 관계를 증진시켜 업무시간을 즐기고, 관리 테크닉 연습을 더 열심히 하며 고객과 소통하려고 노력하니까 업무시간에 다른 생각을 하지 않게 되었습니다.
–약손명가 성공사례집 중에서</td></tr>
<tr><td>[활동]
※ 직장생활에서의 책임을 갖는 행동을 생각해 보고 작성해 봅시다.
① 나는 내가 해야 할 일이라면, 개인적인 일을 포기하고 먼저 한다.
② 나는 잘못을 저질렀을 때에도 끝까지 책임지려고 한다.
③ 나는 나 자신 뿐만 아니라 우리 팀의 일도 내 책임이라고 생각한다.
④
⑤
⑥
⑦
⑧
⑨
⑩
⑪
⑫
⑬
⑭
⑮</td></tr>
</table>

3) 건강

공동체 생활에서 자신의 건강도 꼭 지켜야 하는 덕목이다. 공동의 활동을 해야 하는 곳에서 건강이 좋지 않다면 자신이 맡은 업무를 수행하지 못하게 되고 결국 같이 일하는 동료들에게 폐를 끼치게 된다. 따라서 공동체 생활에서 건강은 스스로를 책임져야 할 덕목으로 꼽힌다.

건강을 지키기 위한 올바른 생활습관 *Check Point*

① 규칙적인 운동을 한다. (조깅, 줄넘기 등 주 3~5회, 약간 숨이 찰 정도)
② 하루 세 끼, 고른 영양을 갖춘 식사를 한다.
③ 1일 8잔의 물을 나누어 섭취한다.
④ 적절한 체중을 유지한다.
⑤ 금주, 금연을 한다.
⑥ 식이섬유가 풍부한 채소와 과일을 꾸준히 섭취한다.
⑦ 충분한 수면을 취한다. (1일 7~8시간)
⑧ 밤 12시 전에 누워서 눈을 감고 잠을 청한다.

4. 직장인의 인성

1. 직장 내 인간관계

1) 소통

직장에서 업무를 수행함에 있어 다른 사람이 뜻한 바를 파악하고, 자기가 뜻한 바를 글과 말을 통해 정확하게 쓰거나 말하는 능력이 요구된다. 기업의 문제 중 70%는 의사소통의 장애로 야기된다. 일본에서 경영의 신으로 추앙받는 마쓰시다 고노스케는 "기업경영의 과거형은 관리이며, 현재형은 소통(疏通)이다. 그리고 경영의 미래형 역시 소통이다."라는 말로 소통의 중요성을 강조하였다.

① 피부관리실의 매출을 공유한다.

직장은 사람들이 모여서 하나의 목표를 달성하기 위해 모인 곳이기 때문에 공동의 목표를 공유하는 것이 제일 중요하다. 이곳에서 모두가 이루고자 하는 것이 무엇인지 내용에 대해 대화를 통해서 공유하고 그중에서 전체가 함께 달성할 수 있는 목표를 정하고 수시로 공동목표에 대하여 이야기를 나눈다.

예를 들어 피부관리실의 매출에 대하여 일부 상사만 목표를 설정하고 알고 있는 경우, 부하직원은 매출에 대한 목표의식이 없어지고 고객에게 습관적인 피부관리를 하게 될 것이다. 하지만 상사의 입장에서는 현 매출 상황이 목표에 많이 미달할 경우 더 적극적으로 일을 하지 않는 것에 불만을 갖게 될 것이다.

실제로 월 매출의 목표를 전 직원이 공유하고 달성하기 위해 일일 매출을 모든 직원이 알 수 있도록 공지하고 전략에 대해 의견을 나누면 구성원 사이의 대화의 주제도 다양해질 뿐만 아니라 원활한 소통으로 공동목표로의 접근도 쉬어진다.

② 직급에 맞는 역할 규명과 서로가 기대하는 것을 말로 표현한다.

모든 대인관계에서 나타나는 어려움은 역할에 대한 애매한 기대 때문에 발생한다. 서로가 기대하는 것을 정확히 표현하지 않을 때 오해가 생기기 때문에 각 직급별로 의견을 나누어서 해야 할 역할을 정하여 업무를 수행해야 한다. 직급에 맞는 역할에 대하여 서로가 기대하는 것을 함께 정한 후, 정확하게 말로 표현하여 관계 형성에 오해가 생기지 않도록 한다.

2) 배려

배려(配慮)란 '상대방에게 관심을 가지고 도와주거나 보살피는 것'을 의미한다. 직장 동료는 전쟁터에서 서로 싸워 살아남아야 하는 적이 아니라 함께 앞으로 나아가야 하는 사람들이다. 많은 사람들이 배려를 하면 할수록 손해 보는 일이라고 생각하는데, 사실 성공한 사람일수록 배려를 더 잘 하고 있음을 알 수 있다.

아프리카 속담

빨리 가려면 혼자 가라. 하지만 멀리 가려면 함께 가라.

2. 직장인의 마음가짐

1) 자기이해

직장생활에서 성공한 사람들의 특징 중 하나는 자기이해 능력이 뛰어나다는 것이다. 남들과의 관계에서 자신의 강점과 부족한 점을 정확히 파악하고, 강점은 강화하고 부족한 점을 보완하는 능력이 있는 사람이 자신의 분야에서 성공할 수 있는 것이다.

자신을 이해하고 자신을 찾는 것은 인생을 살아감에 있어서 중요한 가치이며 이 과정이 이루어져야 다른 사람을 이해할 수 있는 힘이 생긴다.

※ 자기이해를 하기 위해서 아래의 활동을 통해 자신을 알아보자.

내가 좋아하는 활동	내가 싫어하는 활동
내가 잘할 수 있는 것	**내가 잘하지 못하는 것**
다른 사람이 말하는 내가 잘하는 것	**다른 사람이 말하는 내가 잘하지 못하는 것**

2) 하루의 태도 선택하기

스티븐 코비(Stephen R.Covey)의 '성공하는 사람들의 7가지 습관'에서 "삶을 주도적으로 살기 위해서는 자신이 조절할 수 있는 것들에 집중하여야 한다"는 말이 있다.

자신이 바꿀 수 없는 일들에 대해서 걱정하며, 부정적인 생각을 하고 있지 않은지 매일 점검하며 자신이 어떤 하루를 보낼지 스스로 선택한다.

Example

저는 피부관리사로서 직장에 즐겁게 다니고 싶습니다. 우울한 직장생활은 제가 견디지 못하기 때문입니다. '내가 즐기는 나의 직장, 즐거운 나의 모습을 보고 모두가 즐거워졌으면 좋겠다.'라는 생각을 항상 하기 때문에 아침에 하루의 태도를 선택하는 것은 저에게 꼭 필요한 일입니다.

오늘 하루는 어떻게 보낼지는 오롯이 제가 선택할 수 있습니다.

제가 행복을 원하면 행복을 선택하면 되고, 즐겁게 보내고 싶으면 즐거움을 선택하면 되기 때문입니다.

물론 제가 의도한데로 하루가 흘러가지 않을 때도 있지만 아침에 다짐을 하였기 때문에 일부러 '어떻게 하면 즐겁게 보낼 수 있을까?'라는 생각을 계속하니 피부관리 도중 몸이 힘들 때 제 기분을 체크하고 제가 의도한 대로 기분을 돌릴 수 있게 되었습니다.

– 약손명가 '성공사례집' 중에서

사람은 자신에게 어떤 일이 일어날지 예측을 할 수 없다. 하지만 그 상황에서 어떤 반응을 보일지는 자신이 직접 선택할 수 있다는 것을 잊지 말아야 한다. 언제 어디서든 부정적인 외부의 영향으로 자신의 상태를 나쁘게 이끌리는 것이 아닌 주도적으로 자신을 관리하는 사람만이 직장에서 긍정적인 사고로 고객에게 좋은 서비스를 줄 수 있으며 동료들에게 좋은 영향을 줄 수 있다.

3) 사명서 쓰기

사명(使命 : 하여금 사, 목숨 명)이란 '인생에서 꼭 해야 하는 임무'로 사명서란 자신의 인생이나 혹은 직장에서 '어떤 사람이 되고 싶은지, 어떤 공헌을 하고 싶은지' 파악한 뒤 그것을 이루기 위해 행동해야 할 것을 적은 것, 개인 헌법이라고 할 수 있다. 사명서가 있으면 장기적, 단기적 목표를 설정하여 어떤 행동을 해야 할지 스스로 계획하고 실천하기 쉬워진다.

사명서를 작성하여 명확하게 자신이 나아갈 방향을 설정한 후 미래를 향해 움직이면 성공하는 피부관리사가 될 수 있다.

Active Running

활동과제	1. 사명서를 쓰기 위한 과정으로 아래의 질문에 답하여 자신이 되고 싶은 모습, 하고 싶은 공헌을 찾아 사명서를 작성해 보자. ① 나에게 긍정적인 영향을 끼친 사람은 누구인가? 그 사람에게서 무엇을 배우고 싶은가? ② 두개의 50층 빌딩 사이에 폭 15cm의 다리가 놓여있다. 다리를 건너면 무엇이든 원하는 것을 보상받을 수 있다. 무엇을 받고 싶은가? ③ 식물, 노래, 동물 등 자신을 상징할 만한 것을 생각해 보자. 왜 그것이 나를 상징하는지 적어보자. ④ 모든 책과 정보를 제공하는 훌륭한 도서관에서 하루 동안 하고 싶었던 공부를 마음껏 할 수 있다면 무슨 공부를 하겠는가?

2. 아래의 예시를 본 뒤 자신의 사명서를 작성해 보자.

예시

나의 사명은 스스로 점검하여 모든 일에 부끄럼이 없는 사람이 되는 것이다. 또한, 나를 통하여 다른 사람이 스스로 발전할 수 있도록 도와주는 것이다.

위 사명을 지키기 위해서 아래와 같이 행동한다.

① 나는 매일 점검한다.
하루를 되돌아 본 뒤 반성하고 기억하여 행동한다.

② 나는 나를 사랑한다.
하루를 점검한 뒤 마음을 격려하고 내일을 위하여 보살필 것이다.

③ 매 순간 충실히 행동한다.
갑자기 이루어지는 것이 없듯이 매 순간을 충실히 하여 주변사람들에게 진심으로 대한다.

다음의 역할들은 나의 사명을 수행하는 데 우선순위가 높은 대상들이다.

딸 : 소중하고 자랑스러운 딸로서 부모님을 항상 존경하고 사랑한다.
동생 : 기쁨과 슬픔을 함께 해 온 귀중한 인연으로 지금처럼 행복한 삶을 함께 할 수 있도록 소통한다.
직장인 : 교육생들이 옳은 판단과 고객 감동 서비스를 제공할 수 있도록 항상 도울 것이다.
친구 : 나의 삶에 활력이 되는 친구들은 서로의 행동을 존중한다.

나의 사명서

핵심문제 풀이 *Active Running*

1. 다음 (　　) 안에 해당하는 낱말을 적으시오.

① (　　　)는 개인윤리를 바탕으로 각자가 직업에 종사하는 과정에서 요구하는 특수한 것이며, 원만한 직장 생활을 위해 직업인이 갖추어야 하는 기본 덕목이다.

② (　　　)이란 직장에서 적극적이고 능동적인 자세로 임하여 업무활동에서의 성과를 자신의 능력향상으로 생각하여 일을 하는 것을 의미한다.

2. 다음 문제가 옳으면 ○, 틀리면 ×표 하시오.

① 출퇴근 시간 또는 점심시간 등의 정해진 시간을 잘 지키지 않는 사람은 정직성이 부족해서이다.(　　)

② 성실이란 근면한 태도와 정직한 태도 모두와 관련이 있다.(　　)

③ 현대사회의 직업인에게 봉사란 자신보다는 고객의 가치를 최우선으로 하는 서비스의 개념이다.(　　)

④ 책임감 있는 직장인은 스스로를 관리자로 인식하여 자신의 목표와 회사조직의 목표를 일치시켜 공헌할 수 있는 부분이 무엇인지 고민한다.(　　)

3. 다음 빈 칸을 채우시오.

① 직장 내 인간관계를 위해 조직 구성원들과 ______을 잘 해야 하는데 그러기 위해서는 공동의 목표인 ______을 공유하고 서로가 ________를 말로 표현해야 한다.

② ______란 상대방에게 관심을 갖고 도와주거나 보살피는 것으로 직장인에게 꼭 필요한 인성이다.

Chapter 1 이미지 메이킹

3rd week

말하기를 통한 이미지 메이킹

학습 목표

- 이미지 메이킹에서 목소리의 중요성을 설명할 수 있다.
- 이미지 메이킹에서 말투의 중요성을 설명할 수 있다.
- 발성, 발음연습, 복식호흡 방법을 연습함으로써 좋은 목소리를 낼 수 있다.

명 언

'말이 쉽다는 것은, 결국은 그 말에 대한 책임을 생각하지 않기 때문이다.

by 맹자

고객만족을 실현하기 위한 이미지 요소에는 표정, 복장, 언어, 인사, 자세 등이 있으며 이 중 언어적 요소에는 목소리, 말씨, 말투, 언어의 사용, 말의 내용 등이 있다.

메라비언(Mehrabian)의 법칙에 따르면 언어적 요소는 상대방으로부터 받는 이미지의 45%를 차지하며 이 중 목소리, 발음, 억양, 톤, 말투와 같은 청각적인 요소가 38%를 차지한다고 하였다.

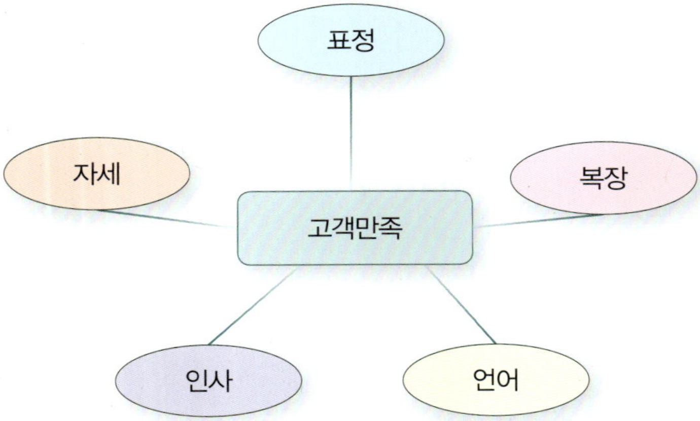

그림 3-1 고객만족을 위한 이미지 요소

메라비언 법칙(The Law of Mehrabian)

Check Point

한 사람이 상대방으로부터 받는 이미지는 시각이 55%, 청각이 38%, 언어가 7%에 이른다는 법칙이다. 캘리포니아대학교 심리학과 명예교수인 알버트 메라비언(Albert Mehrabian, 1939~)이 1971년에 출간한 저서 《Silent Messages》에 따르면, 시각이미지는 자세, 용모, 복장, 제스처 등 외적으로 보이는 부분을 말하며, 청각은 목소리의 톤이나 음색(音色)처럼 언어의 품질을 말하고, 언어는 말의 내용을 말한다.

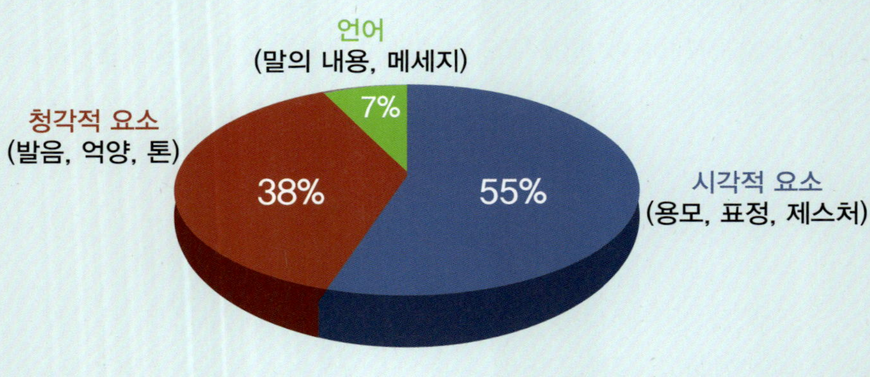

1. 목소리

목소리에는 말하는 사람의 감정과 기분이 내포되어 있을 뿐 아니라 성격과 인격, 직업까지도 반영되어 있어 목소리의 좋고 나쁨은 인간관계에 큰 영향을 미친다.

목소리를 구성하는 요소는 음성, 발음, 억양(높낮이), 톤(강약) 등이 있으며 자연스럽고 편안하며, 신뢰감을 주고 다양한 감정을 표현할 수 있는 음색을 갖춘 목소리를 좋은 목소리라 할 수 있다.

목소리는 선천적으로 타고나지만 좋은 목소리를 갖기 위해서 꾸준히 훈련을 반복하면 목소리의 결은 다듬어질 수 있다.

1. 음성

음성은 성대가 울려서 나오는 진동음을 말하는 것으로서 공명이 잘 되고 높낮이 조절이 잘 되는 것이 좋은 음성이다.

1) 음성의 높낮이에 따른 이미지

① 도/레 : 진지하거나 심각한 내용 전달 시 사용하며 다소 우울한 느낌을 줄 수 있다.

② 미 : 발표, 연설, 시사, 교양내용 전달 시 사용하며 신뢰감을 줄 수 있다.

③ 파/솔 : 즐거운 행사나 축사, 건배 제의 때 사용하며 유쾌한 느낌을 줄 수 있다.

2) 목소리

목소리는 목뿐만 아니라 얼굴에서도 만들어져 입 안(구강)과 코 안(비강), 목 안(인두강)의 공명이 잘 일어날 때 좋은 목소리가 나오게 된다.

Check Point

발성 연습

[좋은 목소리를 위한 발성 연습 1]
① 입 안 공명 방법 : 입 안을 계란모양(타원형)으로 만들며 아~~~
② 코 안 공명 방법 : 코 안의 진동을 느끼며 허밍 음~~~
③ 목 안 공명 방법 : 소리를 귀 뒤와 광대뼈로 보내는 느낌으로 응~~~

[공명(허밍)을 이용한 발성 연습 2]
음~~~ 나는 오늘부터
음~~~ 좋은 목소리를 갖기 위해
음~~~ 공명 발성 연습을 하여
음~~~ 깊고 매력적인 목소리를 만들겠다.

2. 발음

발음은 자음, 모음에 억양과 리듬과 강약의 표현이 모두 포함된 것으로서 말의 내용을 상대방에게 정확하게 전달하는데 중요한 역할을 할 뿐 아니라, 말하는 사람의 지적 수준, 교양, 성격, 사고, 감정까지 반영한다.

1) 발음 훈련

① 정확한 발음을 위해서는 우선 혀와 입 주위 근육을 풀어주어 발음에 도움을 주는 혀와 턱, 치아와 얼굴 근육 등의 움직임을 부드럽게 해 주는 것이 중요하다.

Check Point

훈련방법

[발음에 도움이 되는 훈련 방법 1 : 입술근육, 혀근육 풀기]
① 입술근육 풀기 : 푸~~~~~
② 혀근육 풀기 : 따르르르릉~~~~~, 시계소리(똑딱똑딱)~~~~~

[발음에 도움이 되는 훈련 방법 2 : 다양한 단어 통해 명확한 발음 연습]
소리내어 신문, 책 읽기

[발음에 도움이 되는 훈련 방법 3 : 혀 유연성 기르기]
볼펜이나 나무젓가락을 입에 물고 (아래 송곳니 위에 올려놓고) 말하기

② 말의 고저장단을 구별하여 사용하는 [표준 발음법]을 지키도록 한다.

[표준 발음법]에 따른 예 *Check Point*

삶[삼:]	젊다[점:따]	맑게[말께]	뚫네[뚤레]
낳은[나은]	끊습니다[끈씀니다]	깎아[까까]	낮을[나즐]
몫이[목씨]	값이[갑씨]	값있는[가빈는]	무릎에[무르페]
옷이[오시]	급하다[그파다]	입히다[이피다]	밟히다[발피다]
많아[마:나]	않은[아는]	닳아[다라]	싫어도[시러도]
묽고[물꼬]	닮다[담:따]	늙지[늑찌] 등	

③ 발음 연습표를 이용한 발음 연습을 반복 훈련한다.

[발음 연습표]

	ㅏ	ㅑ	ㅓ	ㅕ	ㅗ	ㅛ	ㅜ	ㅠ	ㅡ	ㅣ	ㅔ	ㅐ	ㅚ
ㄱ	가	갸	거	겨	고	교	구	규	그	기	게	개	괴
ㄴ	나	냐	너	녀	노	뇨	누	뉴	느	니	네	내	뇌
ㄷ	다	댜	더	뎌	도	됴	두	듀	드	디	데	대	되
ㄹ	라	랴	러	려	로	료	루	류	르	리	레	래	뢰
ㅁ	마	먀	머	며	모	묘	무	뮤	므	미	메	매	뫼
ㅂ	바	뱌	버	벼	보	뵤	부	뷰	브	비	베	배	뵈
ㅅ	사	샤	서	셔	소	쇼	수	슈	스	시	세	새	쇠
ㅇ	아	야	어	여	오	요	우	유	으	이	에	애	외
ㅈ	자	쟈	저	져	조	죠	주	쥬	즈	지	제	재	죄
ㅊ	차	챠	처	쳐	초	쵸	추	츄	츠	치	체	채	최
ㅋ	카	캬	커	켜	코	쿄	쿠	큐	크	키	케	캐	쾨
ㅌ	타	탸	터	텨	토	툐	투	튜	트	티	테	태	퇴
ㅍ	파	퍄	퍼	펴	포	표	푸	퓨	프	피	페	패	푀
ㅎ	하	햐	허	혀	호	효	후	휴	흐	히	헤	해	회

3. 호흡

말하기에 있어서 호흡은 자연스럽거나 다양한 목소리를 내게 해 주며 말의 속도와 강약을 조절할 수 있게 해 준다. 호흡이 없으면 성대가 울리지 않아 목소리는 만들어지지 않는다. 따라서 목소리를 만드는데 호흡은 필수적인 요소일 뿐 아니라 어떤 호흡을 하느냐에 따라 목소리는 큰 영향을 받게 된다.

1) 호흡의 종류

① **흉식호흡** : 주로 갈비뼈 사이의 근육을 움직여 이루어지는 호흡으로 여성과 임산부 및 일반 성인이 주로 하는 호흡이다.

② **복식호흡** : 배의 근육을 움직여서 횡경막을 신축시키며 하는 호흡이다. 즉 횡격막을 위아래로 움직여 많은 양의 공기를 폐에 저장하게 되므로 폐의 공기 압력이 높아져 자연히 힘찬 발성을 할 수 있게 해 준다.

흉식호흡에 비해 약 30% 이상의 공기를 들이마시므로 깊고 풍부한 목소리를 내게 해 준다.

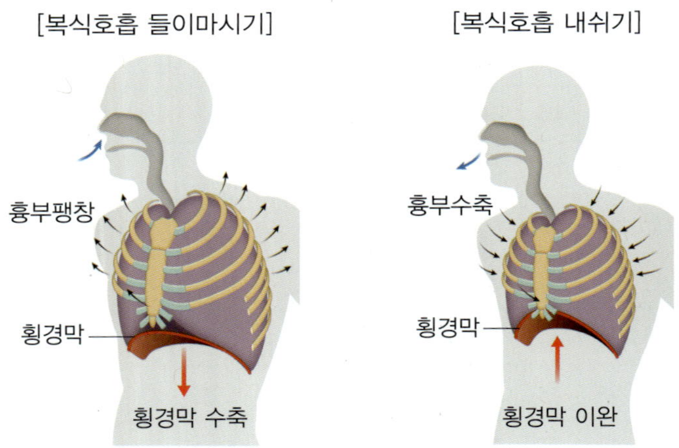

그림 3-2 복식호흡 들이마시기와 내쉬기

2) 복식호흡이 말하기에 미치는 영향

① 발성이 좋아진다.

② 다양한 목소리를 낼 수 있다.

③ 말의 속도, 고저, 멈춤을 조절할 수 있다.

④ 말하기에 앞서 마음을 평온하게 해 준다.

복식호흡

Check Point

[복식호흡 훈련방법]

① 선자세 : 어깨 너비만큼 다리를 벌리고 선다.
앉은 자세 : 의자에 등을 기대지 않고 바른 자세로 배 근육을 이완시킨다.
② 코로 숨을 깊게 들이마시면서 아랫배를 최대한 내민다. 이 때 어깨와 가슴이 올라가지 않도록 주의한다.
③ 숨을 최대한 들이 마신 상태에서 3초 정도 숨을 멈춘다.
④ 코와 입으로 천천히 숨을 내쉬며 배를 완전히 수축시킨다.
⑤ 규칙적으로 들숨 5초 – 멈춤 3초 – 날숨 10초를 반복하며, 조금씩 시간을 늘려나간다.
⑥ 1일 3회, 1회 3분, 4주 이상 연습한다.

[복식호흡을 통한 발성훈련]

① 복식호흡을 실시한다.
② 들숨 이후 3초 정도 멈춘 후 입을 동그랗게 벌리고 숨을 천천히 내쉬면서 가장 편안한 음정의 소리를 내뱉는다. 이 때 끝까지 고른 소리가 나도록 한다.
③ 저음부터 고음까지 계속적으로 연습한다.

2. 말투

말투는 말하는 버릇이나 모습으로 그 사람의 습관이나 성격을 판단할 수 있는 기준이 된다.

1. 말투의 종류

① 성격을 반영하는 말투 : 급한 말투, 느린 말투, 더듬는 말투, 차분한 말투, 긍정적 말투, 부정적 말투, 거친 말투 등

② 사고와 감정을 반영하는 말투 : 상냥한 말투, 겸손한 말투, 짜증난 말투, 신경질적인 말투, 과장된 말투, 무시하는 말투 등

③ 말하는 사람간의 관계를 나타내는 말투 : 존댓말, 반말, 고압적인 말, 명령투의 말 등

④ 지역성을 반영하는 말투 : 표준어, 방언, 사투리 등

⑤ 교양이나 학식 등을 반영하는 말투 : 품위 있는 말투, 비속어, 유행어, 된발음 등

이처럼 말씨나 말투는 말하는 사람의 성격이나 생각, 감정, 지위, 교양 등을 반영하는 것으로써 시간과 장소, 목적과 상황에 따라 적절히 사용해야 한다.

2. 말투와 이미지메이킹

1) 존대

① ~요/~요? : 일반적으로 편하게 가장 많이 쓰는 존댓말이다. 주로 상급자가 하급자를 존중할 때 사용한다.

예) 어서 오세요.
안녕하세요?

② ~십시오/~십니까? : ~요/~요? 보다 공손하지만 다소 사무적인 느낌을 준다. 군대에서 주로 사용하며 상급자에게 존중을 표현할 때 쓴다.

예) 어서 오십시오.
안녕하십니까?

2) 지시, 요청

① ~렴/하려무나 : 어른이 부드럽게 가르치는 느낌을 준다.

예) 저것 좀 하려무나.
저것 좀 하렴!

② ~십시오 : 매우 딱딱하고 무뚝뚝한 존댓말이다.

예) 이것 좀 도와주십시오.
여기서는 절대 흡연하지 마십시오.

3) 질문

① ~니? : 대체로 부드럽고 친절한 느낌을 준다.

예) 왜 집에 안가고 아직 있니?

② ~냐? : 강하고 거친 느낌을 준다.

예) 청소 상태가 왜 이러냐?

4) 긍정, 부정

① ~ㅂ니다 : 존대하나 매우 공적인 느낌을 준다.

예) 그렇습니다. 그렇게는 절대 안 됩니다.

5) 호칭

① ~씨 : 친근감이 없는 사무적인 호칭이다.

② ~군/양 : 주로 어른들이 젊은 사람들에게 사용하는 호칭이며, 익명이 요구

되는 뉴스나 기사에서도 김모 양, 이모 군, A양, B군 등으로 사용한다.

③ ~야/~아 : 친한 사람을 부를 때 이름과 함께 붙여 사용한다.

예) 경미야~, 길동아~

3. 주의할 언어 사용법

1) 존대어는 반드시 사람에게만 사용한다.

틀린 표현	옳은 표현
커피 나오셨습니다.	커피 나왔습니다.
사장님 전화 오셨습니다.	사장님께 전화가 왔습니다.
사장님 연락 오셨습니다.	사장님께 연락이 왔습니다.
우편물 도착하셨습니다.	우편물이 도착하였습니다.
회의 끝날 시간 되셨습니다.	회의가 끝날 시간이 되었습니다.

2) 압존법을 사용한다.

틀린 표현	옳은 표현
사장님, 부장님께서 지금 곧 들어오신다고 하십니다.	사장님, 부장님이 지금 곧 들어온다고 합니다.
할아버지, 아버지가 아직 안오셨습니다.	할아버지, 아버지가 아직 안왔습니다.
교수님, 선배언니가 오신대요.	교수님, 선배언니가 온대요.

압존법 *Check Point*

높여야 할 대상이지만 듣는 이가 더 높을 때 그 공대를 줄이는 어법

3) 기타

틀린 표현	옳은 표현
제 아들이 이 회사 대표님이십니다.	제 아들이 이 회사 대표입니다.
제 부인입니다.	제 아내입니다.
우리 남편 오셨습니다.	제 남편 왔습니다.
할아버지~ 식사하세요.	할아버지~ 진지 잡수세요.

4. 좀 더 좋은 표현 방법

예) 고객님~ 이쪽으로 오세요.

→ 고객님~ 이쪽으로 모시겠습니다.

이곳에서 잠시 기다려 주세요.

→ 이곳에서 잠시 기다려 주시겠습니까?

Active Running

교과목	CS 피부미용 고객관리	담당교수	
날 짜	20 년 월 일	이 름	
3 주 차 활동주제	좋은 목소리와 나쁜 목소리의 사례를 찾아보고, 좋지 않은 말투를 수집하여 바른 말투로 바꾸어 본다.		

활동과제	1. 누구나 알 수 있는 사람들(연예인, 정치인, 학과 교수 등) 중에서 좋은 목소리를 가진 사람과 나쁜 목소리를 가진 사람의 사례를 찾아보고 그 목소리의 특징을 애기해 본다. ① 좋은 목소리 사례 및 특징 – – – ② 나쁜 목소리 사례 및 특징 – – – 2. 최근 사용되는 언어 중 좋지 않은 말투의 사례를 찾아보고 바른 말투로 바꾸어 본다. ① 좋지 않은 말투의 사례 – – – ② 바른 말투로 바꾸어 보기 – – –
활동방법	몇 명씩 모둠을 편성하여 토론을 통하여 사례를 수집하고 발표한다.
Feedback	

핵심문제 풀이 *Active Running*

1. 다음 (　　) 안에 알맞은 낱말을 적으시오.

① 한사람이 상대방으로부터 받는 이미지는 시각적 요소가 55%, 청각적 요소가 38%, 말의 내용이 7%에 이른다는 (　　　)법칙이 있다.

② (　　　)호흡은 배의 근육을 움직여서 횡경막을 신축시키며 하는 호흡으로 많은 양의 공기를 폐에 저장하게 되므로 폐의 공기 압력이 높아져 자연히 힘찬 발성을 할 수 있게 해 준다.

2. 다음 문제가 옳으면 ○, 틀리면 ×표 하시오.

① 목소리는 목뿐만 아니라 입 안과 코 안인 얼굴에서도 만들어진다. (　)

② 소리내어 신문 읽는 방법은 발음에 별 효과가 없다. (　)

③ 목소리는 선천적으로 타고 나는 까닭에 변하지 않는다. (　)

④ ~씨라는 호칭은 존경을 나타내는 호칭으로서 어르신에게 사용하기 적절하다. (　)

3. 다음 문장을 옳은 표현으로 바꾸시오.

① 시술 받으신 비용은 십만원이십니다. → (　　　　　　　　)

② 사장님~, 부장님께서 조금 전에 퇴근하셨습니다. → (　　　　　　　　)

③ 아버지~, 식사 하세요. → (　　　　　　　　)

④ 우리 남편이 그렇게 말씀하셨습니다. → (　　　　　　　　)

Chapter 1 이미지 메이킹

4th week

뷰티 이미지 메이킹

학습 목표

- 뷰티 스타일링을 통한 이미지 메이킹의 중요성을 알고 설명할 수 있다.
- 표정과 자세, 용모에 대한 이미지 메이킹 연출의 실제를 익혀 적용할 수 있다.

명 언

간단하게 설명할 수 없으면 제대로 이해하지 못하는 것이다.

by 앨버트 아인슈타인(Albert Einstein), 물리학자, 1879–1955

절망의 늪에서 나를 구해준 것은 많은 사람들의 사랑이었습니다.
이제 내가 그들을 사랑할 차례입니다...

by 오드리 햅번(Audrey Hepburn), 영화배우, 1929–1993

1. 뷰티 스타일링을 통한 이미지 메이킹

1. 뷰티 스타일링을 통한 이미지 메이킹의 개념

1) 이미지 형성요소

개인의 내 · 외적인 요소를 통하여 자신의 개성과 직업, 신분 등에 맞게 연출하여 호감을 줄 수 있는 최상의 이미지를 창출하는 것이 중요하며, 자신의 퍼스널 이미지를 잘 분석하고 시대가 요구하는 미의식과 가치관에 맞는 이미지 메이킹이 필요하다.

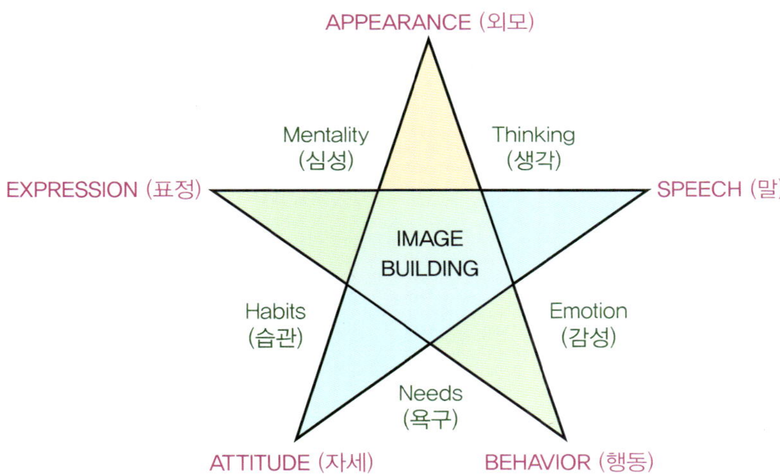

그림 1-1 이미지 형성요소(김경호, 2008)

이미지의 사전적 의미는 감각적, 직관적으로 주어지는 구체적인 상으로 개념적인 사고에 의해 파악되지 않더라도 뇌리에 생생하게 그려낼 수 있는 마음속 그림이다. 사회심리학에서의 이미지는 인지적 처리과정을 통해 형성되며, 주체나 객체에 대한 불완전한 정보에 근거하는 정신적인 그림이다.

미국의 저명한 언론인 월터 리프먼(Walter Lippmann)은 대중과 여론에 의해 영향을 받는 오늘날의 이미지란 인간이 자극대상에 대해 가지는 상으로 정의하였고, 미국의 경영학자 필립 코틀러(Philip Kotler)는 인간이 어떤 대상에 대하여 갖고 있는 신념이나 인상 등의 집합으로 자신이 지각하고 중요하게 고려하는 관점에 대한 평가라고 하였다.

따라서 이미지의 정의를 종합하면 특정대상에 대한 감각과 직관에 의해 주관적으로 형성된 실체에 대한 마음속에 그려지는 상이라고 할 수 있다.

2) 뷰티 스타일링(Beauty Styling)의 필요성

뷰티 스타일링이란 이미지에 따른 구체적인 스타일과 소재, 색상, 액세서리, 메이크업, 헤어스타일 등 뷰티코디네이션을 통합한 개념이며, 뷰티코디네이션은 개인의 얼굴형에 맞는 메이크업과 헤어스타일을 통해 T.P.O(시간, 장소, 목적; Time, Place, Occasion)에 맞도록 자신이 원하는 이미지를 만들어내는 것을 의미한다.

뷰티 스타일링의 궁극적인 목표는 연출을 통한 효과적 이미지를 창출하는 것이며, 인상이나 외모관리를 통하여 보이고 싶은 이미지를 선택하여 효과적으로 연출하여야 하고 색상, 소재, 실루엣, 메이크업, 헤어 등의 조화를 이루게 하여 차별화된 뷰티감각을 연출할 수 있도록 하는 것이다.

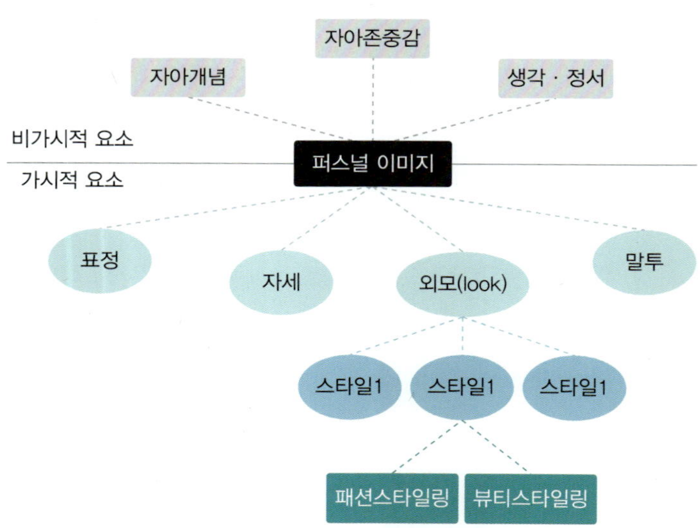

그림 1-2 퍼스널이미지와 뷰티스타일링의 관계

퍼스널 이미지 메이킹이란 내가 상대방에게 전하고자 하는 나의 이미지를 의도적으로 만들어내는 일이다. 레이건과 부시 등 미국 대통령의 이미지를 성공적으로 만든 이미지 쉐이커(Image Shaker)인 로저 아일즈(Roger Alies)는 "You are the message"라고 하여 이미지를 어떻게 창출하느냐에 따라 상대방에게 전달되는 메시지가 결정되고 그 메시지를 전달받는 매체가 바로 자기 자신임을 강조하며 이미지 메이킹의 중요성을 강조하였다.

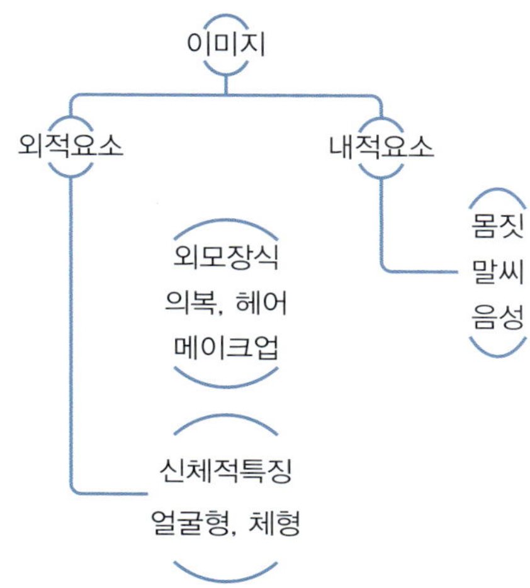

그림 1-3 이미지 연출의 내적·외적 요소(윤혜정, 2000)

2. 표정연출 이미지 메이킹

1. 표정이란

1) 표정의 개념

① 첫인상은 그 사람의 표정에 의해 좌우되므로 좋은 인상을 만들기 위한 노력을 한다.

② 표정은 내면의 의미가 얼굴로 표출되는 것으로 감정이 반영된다.

③ 표정은 마음의 징표이자 정신의 표현으로, 상대방에게 영향을 미친다.

④ 표정은 나의 마음과 심리 상태의 거울이 된다.

⑤ 얼굴은 인체에서 가장 눈에 띄는 부분으로, 표정은 상대방에게 나의 호감도를 결정지을 수 있는 매우 중요한 부분이다.

⑥ 얼굴 표정이 바뀌면 사람의 감정도 바뀐다고 한다. 의도적으로 짓는 밝은 표정이 실제로 밝은 감정을 일으킨다.

2) 밝은 표정의 중요성

① 상대방에게 경계심을 없애주고 친근감을 전달하여 마음을 얻을 수 있다.

② 자신감 있는 사람으로 인식된다.

③ 사람이 선하고 품위있는 사람으로 느껴지도록 한다.

④ 상대방의 부정적인 감정을 긍정적으로 바꿀 수 있다.

⑤ 밝은 표정을 짓는 것만으로도 인간의 삶이 풍요로워진다.

3) 밝은 표정(웃음)의 효과

효과	내용
호감 형성	웃는 표정이 좋은 이미지와 호감을 형성한다.
감정 이입	밝고 환하게 웃는 표정은 상대방의 기분도 함께 좋아지게 한다.
마인드 컨트롤	밝고 환한 표정을 지으면 실제 기분이 좋아지게 된다.
건강 증진	웃는 근육을 많이 사용하면 건강에도 긍정적인 영향을 미친다.
실적 향상	웃으며 일을 하면 업무 효율이 높아져 능률이 오르게 된다.
신바람	웃으며 생활하면 기분 좋게 일을 할 수 있어 흥이 난다.

4) 바람직하지 못한 표정

① 무표정한 얼굴은 상대방에게 인간미를 느끼지 못하게 한다.

② 미간을 찡그리는 표정은 상대방에게 불만이나 부정 등으로 표현되어 언짢은 기분을 전할 수 있다.

③ 마치 코웃음을 치는 듯한 표정은 눈매와 입이 서로 다른 감정을 나타내어, 상대방에게는 자신을 경시하거나 경멸하는 느낌을 줄 수 있다.

④ 입술을 꽉 다물고 있는 표정은 상대방과의 의사소통을 거부하는 것처럼 느껴지거나 상대방에게 두려움을 줄 수 있다.

2. 아름다운 표정

1) 눈의 표정

① 시선 처리

- 눈은 마음의 창으로 그 사람의 진실됨을 볼 수 있으며 반대로 내 본심을 전달할 수도 있다.
- 눈은 가장 단적으로 표현되는 커뮤니케이션 수단으로 눈빛과 눈길, 눈동자의 움직임, 눈 맞춤의 방법을 통해 말 이상의 무언가를 전달하기도 한다.
- 의도적으로 상대방의 시선을 피하거나 흔들리는 경우 상대방에게 신뢰를 형성하기 어려우며 때로는 불쾌감을 줄 수도 있다.
- 부드러운 시선으로 눈을 맞추면 상대방에게 좋은 인상을 심어줄 수 있다.
- 상대방의 눈을 뚫어지게 바라보는 것은 오히려 결례이므로 눈언저리(Eye-zone)를 지그시 바라보며 자연스러운 눈 맞춤을 한다.
- 두 사람과 말할 때는 두 사람을 번갈아 보면서 말하는 것이 좋다.

② 호감을 주는 시선 vs 피해야 할 시선

호감	비호감
자연스러운 시선	두리번거리거나 침착하지 못한 시선
부드러운 시선	곁눈질 하는 시선
생기있는 시선	위·아래로 훑어보는 시선
상대의 눈높이를 맞춘 시선	뚫어지게 응시하는 시선

③ 다양한 눈의 표정과 느낌

눈의 표정	느낌
상대방을 보지 않는 눈	숨기는 느낌, 집중하지 않는 상태, 불안감
상대방을 곁눈질로 쳐다보는 눈	불만, 의문이나 의심, 두려운 마음 상태
상대방을 위아래로 훑어보는 눈	상대방에 대한 불신, 멸시나 경멸하는 느낌
크게 뜨고 상대방을 바라보는 눈	상대방에 대한 호의, 흥미나 관심
상대방에게 치켜뜬 눈	상대방에 대한 거부, 항의의 표시
상대방에게 내리뜬 눈	거만함, 상대방으로 하여금 깔보는 느낌

2) 입의 표정

1800년대 프랑스 심리학자인 듀센(Duchenne)은 행복한 순간에 자기도 모르게 짓게되는 자연미소를 연구하였는데 사람의 진짜 웃음은 활짝 웃을 때 눈과 입이 함께 웃는 모습이라고 결론지었으며, 이러한 미소를 '듀센미소(Duchenne's smile)'라 한다.

그림 1-4 웃는 얼굴

① 입과 눈은 함께 조화로운 표정을 만들어 내므로 입꼬리를 올리는 것이 좋다.

② 광대뼈를 들어 활짝 웃음 지을 때 만들어지는 스마일라인(smile-line)은 근육을 탄력있게 만들어 주며 생기있고 활기찬 느낌을 가지게 한다.

③ 관상학적으로도 올라간 입꼬리는 호감가는 인상으로 보일 뿐만 아니라 복을 부르는 인상이라고 한다.

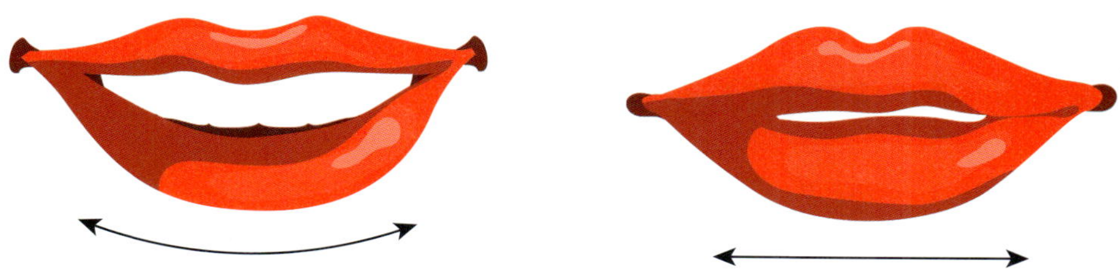

(호감 스마일 라인)　　(거부 스마일 라인)

그림 1-5　스마일 라인

3. 바른 자세와 태도 이미지 메이킹

1. 바른 자세와 태도의 중요성

올바른 자세와 태도는 마음의 표현이다. 올바른 자세와 태도는 주어진 업무의 효율을 향상시키고 좋은 이미지를 형성하는데 큰 도움을 준다.

좋은 자세와 태도는 고객으로 하여금 개인에 대한 신뢰와 믿음을 향상시킬 뿐 아니라 기업에 대한 신뢰도 향상에도 중요한 역할을 한다.

2. 바른 자세의 필요성

1) 바른 자세의 장점

① 인체의 골격을 바르게 해 준다.
② 건강하고 자신감 있는 신체 이미지를 형성한다.
③ 근육과 관절에 좋은 영향을 준다.
④ 호흡과 소화 기능 촉진 등에 도움을 준다.
⑤ 허리 통증을 감소시킨다.

2) 바르지 못한 자세의 영향

① 두통 및 현기증이 발생할 수 있다.
② 목과 어깨, 팔, 허리 등의 통증을 유발한다.
③ 척추측만증, 일자목 등과 같은 증상을 유발한다.
④ 생리통을 심화시킬 수 있다.

3) 삼가해야 할 태도

태도를 통한 행동 매너의 경우, 경력이 짧은 직원은 너무 엄격하고 경직되어 있으며 경력이 긴 직원은 오히려 고객에게 소홀한 면을 보이기도 한다.

고객 앞에서는 작은 실수라도 기업의 이미지는 물론 자신의 가치를 떨어뜨리는 매우 위험한 행동이라는 점을 명심하고 늘 고객을 의식하며 행동한다.

① 사적인 전화를 하거나 신문이나 잡지를 본다.
② 턱을 괴고 앉아 발을 떨거나 손장난을 한다.
③ 화장을 고치거나 하품을 한다.
④ 동료를 큰소리로 부르거나 반말을 한다.
⑤ 껌을 씹거나 커피를 마시는 등 음식물을 먹는다.
⑥ 큰소리로 잡담을 하거나 오래 선 채로 이야기 한다.

⑦ 컴퓨터로 쇼핑을 하거나 개인 홈페이지의 관리, 채팅을 한다.

⑧ 한 쪽 다리에 중심을 두고 서 있거나 등을 벽에 기대고 선다.

3. 바른 자세 훈련의 실제

1) 선 자세

① 머리에서 발끝까지 일직선이 되도록 한다.

② 몸이 수직이 되도록 등과 가슴을 곧게 펴고 선다.

③ 목을 곧게 세우고 턱은 살짝 당겨주며 아랫배에 힘을 주어 단단하게 유지한다.

④ 여성은 손목의 일정 각도를 유지하고 손가락을 붙인 채 오른손이 위로 가게 선다.

⑤ 남성은 바지 재봉선 옆에 손을 내린 차렷 자세를 기본으로 선다. 고객 응대 시에는 왼손이 위로 가게 하여 공손함을 표한다.

⑥ 발꿈치는 붙이고 발의 앞은 살짝 벌려 V자형으로 선다.

⑦ 밝은 표정으로 시선은 상대방의 얼굴을 바라본다.

⑧ 한 쪽으로 몸이 기울지 않도록 양 발에 힘을 주고 균형을 유지한다.

2) 바르게 선 자세 실습

① 벽에 등줄기를 곧게 펴고 붙인다.

② 발뒤꿈치를 벽에 바짝 붙이고 무릎, 엉덩이, 어깨, 머리까지 일직선으로 벽에 밀착시킨다. 이때 무릎 안쪽에 ○형 다리가 되지 않게 주의하면서 5분 정도 서 있는 자세를 유지한다.

그림 1-6　남·여 바르게 선 자세

3) 앉은 자세

① 의자가 흔들리지 않도록 의자 위쪽을 잡고 조용히 앉는다.

② 고개는 반듯하게 들고 턱은 당기며 시선은 상대방의 눈을 향한다.

③ 가슴을 펴고 무릎은 앞쪽을 향하여 앉는 것이 기본이다.

④ 남성은 무릎을 어깨 넓이로 벌리고 가볍게 쥔 주먹을 무릎 위로 올려놓는다.

⑤ 여성은 무릎과 발끝을 붙이고 손은 공손하게 모아 무릎 위에 올려놓는다. 의자가 낮으면 다리를 모아 오른쪽으로 기울인다.

⑥ 여자의 경우 오른손으로 치마의 뒤폭을 정리하여 앉는다.

⑦ 의자 깊숙이 앉되 등과 등받이 사이는 주먹이 하나 들어갈 정도로 간격을 두고 앉는다.

⑧ 다리를 꼬거나 너무 벌리고 앉지 않도록 하며 무릎을 떨거나 팔짱을 끼는 등의 자세는 취하지 않도록 유의한다.

⑨ 치마폭이 넓은 의상을 입었을 경우, 오른손으로 치마의 뒷폭을 정리하여 앉는다.

4) 의자에 앉아서 대기하는 바른 자세와 일어서는 자세

고객을 맞이하기 위하여 안내자가 의자에 앉아서 대기하면서 간혹 주변을 의식하지 않고 무의식적으로 직원과 대화를 나누거나 하품을 하는 등의 행동을 하게 되면 고객의 눈에 거슬리게 되고 이러한 부정적인 상황은 더 오래 기억되므로 항상 조심스럽게 행동한다.

① 여성의 앉은 자세와 일어서는 자세

- 의자 왼쪽으로 들어가서 의자에서 반걸음 앞에 선다.
- 어깨 너머로 의자 위치를 확인한 후 한 손으로는 스커트 뒷자락을 정리하며 다른 한 손으로 스커트의 앞자락을 누르며 앉는다.
- 엉덩이가 의자에 닿게 의자 깊숙이 앉는다.
- 등과 등받이 사이에 주먹 한 개 정도의 간격을 두고 허리와 가슴은 편다.
- 여성은 무릎 위에 오른손이 위로 오게 포개어 공수 자세를 하고 스커트 자락을 가볍게 눌러준다.
- 다리를 무릎에 붙이고 발을 가지런히 모아 수직으로 세우거나 한 쪽 방향으로 모은다.
- 고개를 바로 하여 턱을 당기고 어깨에 힘을 주지 않고 정면을 보는 편안한 자세를 취한다.
- 일어설 때는 한쪽 발을 반걸음 정도 의자 방향으로 딛고 무릎의 힘으로 한 번에 일어난다.

- 일어선 후 양발을 가지런히 모아 바르게 선 자세를 유지하며 고객을 향하여 인사한다.

② 남성의 앉은 자세와 일어서는 자세

- 의자로부터 반걸음 앞에 서서 바지를 약간 들어 올리며 한 번에 자연스럽게 앉는다.
- 무릎은 어깨 넓이만큼 벌리고 양손은 주먹을 가볍게 쥐고 무릎 위에 놓는다.
- 허리를 곧게 세우고 등받이와 등 사이에 주먹 한 개 정도의 간격을 둔다.
- 턱을 가볍게 당기고 시선은 자연스럽게 정면을 본다.
- 일어설 때는 양쪽 발에 힘을 주어 한 번에 일어서서 고객 맞이 인사를 한다.

바르게 앉은 자세

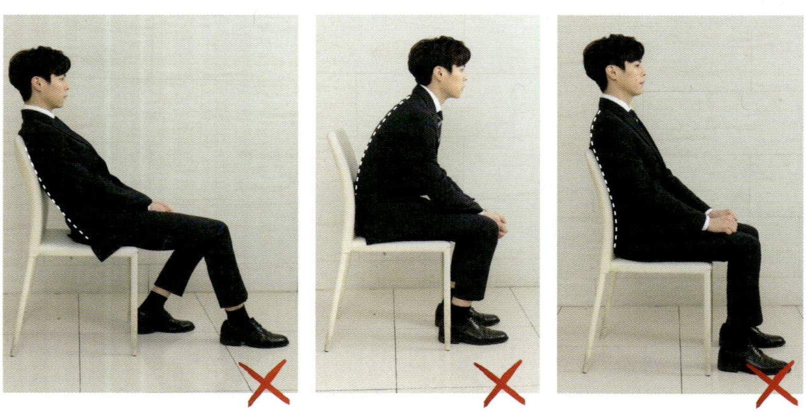

그림 1-7 바르게 앉은 자세와 바르지 못한 자세

5) 걷는 자세

① 일직선으로 걷는다.

② 시선은 상방 15° 정면을 향하도록 하고 턱은 가볍게 당긴다.

③ 등을 곧게 세워 가슴을 펴고 어깨의 힘은 자연스럽게 뺀다.

④ 어깨는 수평으로 하고 머리와 몸은 흔들리지 않도록 한다.

⑤ 허리로 걷는 듯한 기분으로 손은 가볍게 주먹을 쥐고 걷는다.

⑥ 팔은 겨드랑이 15°, 팔꿈치 45°를 유지하고 자연스럽게 흔들며 걷는다.

⑦ 무릎 부분이 가볍게 스치며 벌어지지 않도록 일직선으로 걷는다.

⑧ 발뒤꿈치 → 발바닥 → 발끝의 순서로 지면에 닿게 걷는다.

⑨ 걸을 때는 주머니에 손을 넣거나 뒷짐을 지지 않고 걷는다.

4. 바른 자세를 위한 스트레칭 훈련의 실제

바른 자세에서의 관리는 고객에게 관리의 효과를 상승시켜 주며 손목터널증후군 예방 등 피부관리사의 건강을 지킬 수 있다. 그러기 위해서는 관리 전, 후의 스트레칭이 중요하다.

1) 손가락과 손목 스트레칭

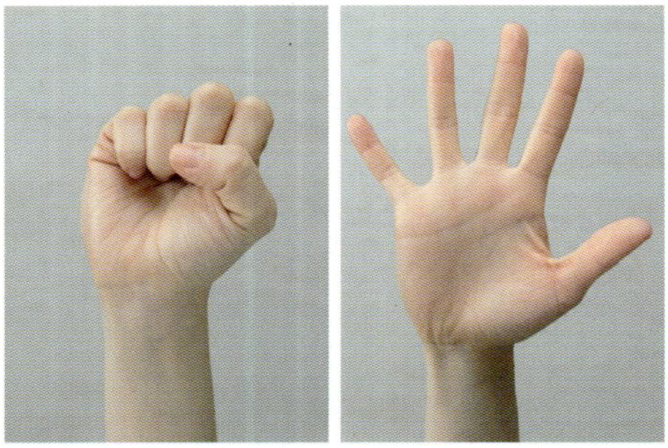

① 주먹을 쥐었다 펴기를 반복한다.

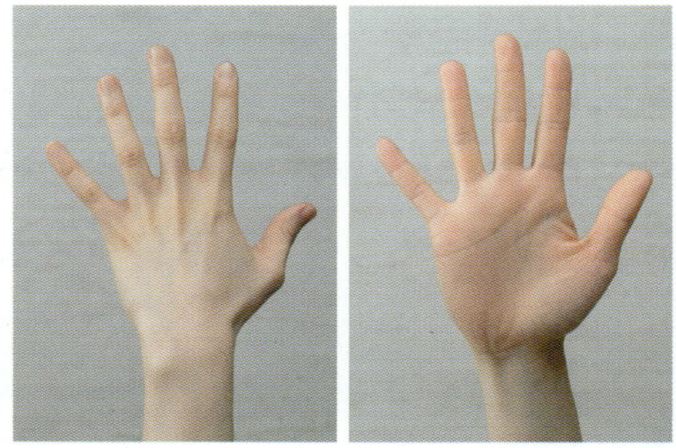

② 손바닥을 최대한 펴고 정면 뒷면을 번갈아 펴준다.

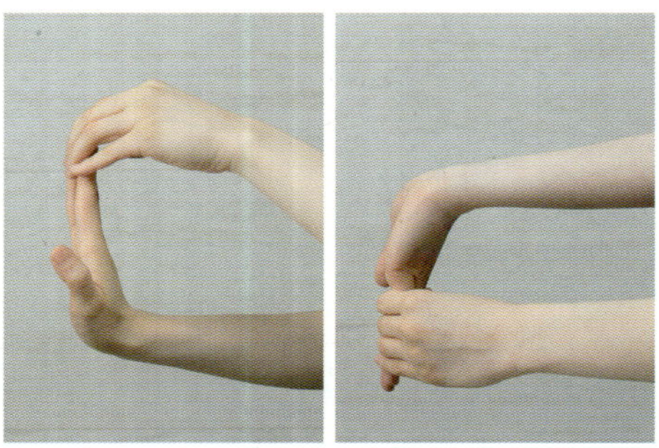

③ 손바닥을 정면에 두고 손목을 꺾어 스트레칭 한다.

그림 1-8 손가락 스트레칭

2) 목 · 허리 스트레칭

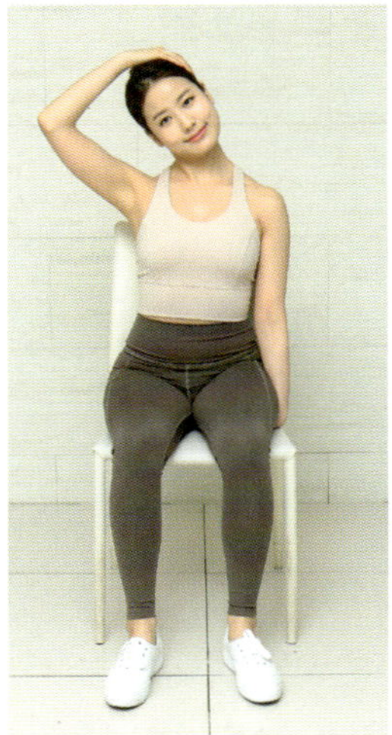

① 의자에 앉아 왼손은 엉덩이 밑에 놓고 오른손은 머리 부분을 잡아 오른쪽으로 당겨준다.

② 시선과 몸은 정면을 본 상태에서 오른팔을 반대쪽으로 늘려준다.

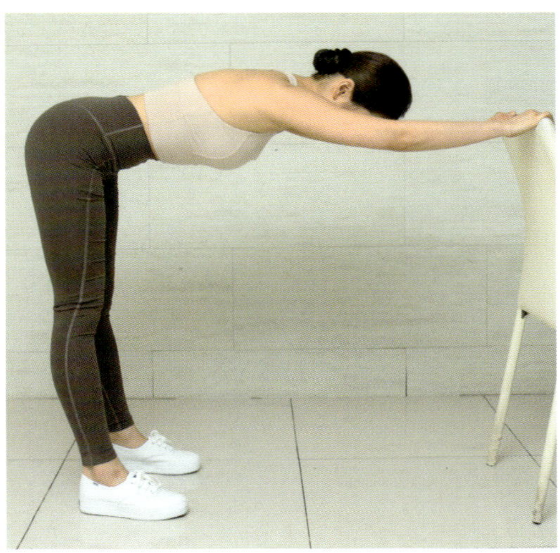

③ 양 발을 골반 넓이 만큼 벌린 상태에서 의자 등받이 윗부분을 잡고 허리, 등, 어깨와 팔이 평행이 되게 만들어준 후 어깨를 아래로 살짝 눌러준다.

④ 양 손 깍지를 끼고 손바닥을 하늘로 향하게 한 후, 위로 쭉 올려준다.

그림 1–9 목 ·어깨 ·허리 스트레칭하는 방법

4. 용모와 헤어 · 메이크업 이미지 메이킹

1. 헤어

고객에게 청결한 이미지를 주기 위해 단정한 헤어스타일을 유지해야 한다. 머리카락이 앞으로 흘러내리지 않게 검정색 머리망을 이용하여 깔끔하게 묶는다. 잔머리가 흘러내리지 않도록 실핀 등을 이용하여 단정히 마무리 한다.

2. 메이크업

피부미용 전문가다운 이미지를 주기 위해 단정한 메이크업은 필수다. 피부관리사는 맑고 투명하며 자연스러운 내추럴 메이크업을 하며, 중간중간 수시로 점검하여 깔끔함을 유지하도록 한다.

3. 유니폼

단정한 유니폼은 전문가다운 모습을 주며 청결한 이미지를 준다. 유니폼의 재질은 일하는데 불편함이 없도록 신축성이 좋은 것이어야 하며 구김이 생기지 않게 다림질을 한다. 이물질이 묻으면 바로 닦아 청결함을 유지하고, 유니폼에 흠집이 생기면 즉시 수선을 한다.

4. 신발과 양말의 착용

신발은 자신의 키와 관리자세 등을 고려하여 적정한 굽을 선택하여 유니폼과 유사한 색상의 신발을 착용한다. 양말은 유니폼과 유사한 계열로 무늬가 없으며 발목을 덮는 것으로 신는다.

5. 개인위생

피부관리사의 개인위생은 고객과 관리사 모두의 건강을 위하여 매우 중요하다. 특유의 체취나 구취가 나지 않게 매일 목욕이나 샤워를 하여 청결을 유지한다. 항상 손을 따뜻하게 유지하며 손톱을 짧게 정리하고 관리 전에 거스러미 손톱은 아닌지 확인한다. 몸에 문신을 새기는 것은 되도록 삼간다. 특히 관리 시에는 마스크를 착용하고 알콜솜을 활용하여 지속적으로 위생에 신경 쓴다.

① 머리를 뒤로 넘겨 빗으로 정리한 후 하나로 묶는다.

② 머리망에 하나로 묶은 머리를 넣어 둥글게 말아준다.

③ U자 핀을 사용하여 머리를 고정하고 잔머리를 정돈하여 완성한다.

④ 완성된 뒷모습(투명망)

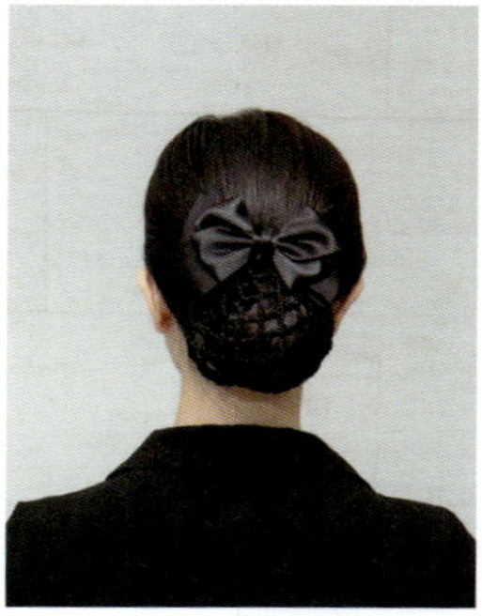

⑤ 완성된 뒷모습(리본망)

⑥ 완성된 옆모습

완성된 앞모습

피부관리사의 이미지메이킹

그림 1-10 헤어 연출방법 및 피부관리사의 이미지메이킹

Active Running

교과목	CS 피부미용 고객관리	담당교수	
날 짜	20 년 월 일	이 름	
4주차 활동주제	자신의 이미지 점검하기		

<table>
<tr><td rowspan="4">활동과제</td><td colspan="2">나의 이미지 진단</td></tr>
<tr><td>내가 생각하는 나의 이미지</td><td>친구가 나에 대해 가지고 있는 이미지</td></tr>
<tr><td>장점 :</td><td>장점 :</td></tr>
<tr><td>단점 :</td><td>단점 :</td></tr>
<tr><td>활동방법</td><td colspan="2">① 몇 명씩 모둠을 편성하여 토론을 통하여 작성한다.
② 자신의 이미지에 대한 생각과 친구들이 생각하는 자신의 이미지에 대한 차이점에 대하여 발표한다.</td></tr>
<tr><td>Feedback</td><td colspan="2"></td></tr>
</table>

핵심문제 풀이 Active Running

1. 다음 (　　) 안에 해당하는 낱말을 적으시오.

① (　　　)은 내면의 어떠한 의미가 얼굴로 표출되는 것으로 우리의 감정이 가장 잘 반영되는 부분이다.

② 사람의 진짜 웃음은 활짝 웃을 때 눈과 (　　　)이 함께 웃는 모습으로 이를 연구한 학자의 이름을 따서 '듀센미소'라고도 한다.

③ 밝은 표정의 긍정적 효과로는 호감 형성, 감정 이입, (　　　), 건강 증진, 실적 향상, 신바람 효과 등이 있다.

④ 이미지의 사전적 의미는 (　　　), (　　　)로 주어지는 구체적인 상으로 뇌리에 생생하게 그려낼 수 있는 마음 속 그림이다.

⑤ 뷰티 스타일링이란 이미지에 따른 구체적인 스타일과 (　　　), (　　　), (　　　), (　　　) 헤어스타일 등 뷰티코디네이션을 통합한 개념이다.

2. 다음 문제가 옳으면 ○, 틀리면 ×표 하시오.

① 대화를 할 때 상대의 눈만을 응시하면 상대로 하여금 부담감을 느끼게 할 수 있으므로 가급적이면 상대의 눈높이보다 낮게 시선을 맞추어야 한다. (　　)

② 걸을 때 발은 '발뒤꿈치 → 발바닥 → 발끝' 순서로 지면에 닿게 걷는다. (　　)

③ 좋은 용모를 갖추기 위해서는 옷차림의 기본 3요소인 '청결', '품격', '절제'가 필요하다. (　　)

④ 소속된 회사의 품격을 차별화하여 표현하는 이미지 연출만이 중요하고, T.P.O에는 꼭 맞지 않아도 된다. (　　)

⑤ 퍼스널 이미지를 형성하는 요소는 크게 외적 요소(가시적 이미지)와 내적요소(비가시적 이미지)로 구분할 수 있다. (　　)

3. 다음 빈 칸을 채우시오.

① 미국의 경영학자 _______는 이미지란 인간이 어떤 대상에 대하여 갖고 있는 신념이나 인상 등의 집합으로 자신이 지각하고 중요하게 고려하는 관점에 대한 평가라고 하였다.

Chapter 1 이미지 메이킹

5th week

감정조절과 스트레스 관리

학습 목표

- 고객관리와 상담을 시작하기 전에 마인드 관리를 통해 감정조절과 스트레스 관리의 중요성을 이해하고 실천할 수 있다.
- 감정조절과 현명한 스트레스 관리를 위해 건강한 생활양식과 시간 관리를 계획할 수 있다.
- 인생설계를 토대로 경력관리에 대한 계획의 수립이 왜 중요한가를 설명할 수 있다.

명 언

Life isn't fair, but it's still good.
삶이 공평하지 않다고 생각할 수 있지만, 인생은 그런 대로 괜찮다.

by 레지나 브렛(Regina Brett, [45 lessons in life] 1956~)

1. 스트레스란?

1. 스트레스의 어원

① 사람은 각자 다른 트라우마(Trauma)를 갖고 있다.

② 신체적인 스트레스에 대한 반응은 마치 '비행기가 뜨기 전의 이륙 상태'와 흡사하다. 신체의 모든 기관(심혈관계, 면역계, 호흡기계, 소화기계, 감각기관과 뇌)은 각종 위험요인을 인식하면서 변화하기 시작한다.

③ 어원 : 중세 영어 고난, 고통(Stresses) ⇨ 고대 프랑스어 좁음(Estresse) ⇨ 라틴어 팽팽하다, 좁다(Strictus)에서 유래한다.

④ 긴장(Strain), 압력(Pressure)이란 의미가 있다.

Check Point

스트레스 반응으로 나타나는 신체적 & 정서적 상태
(Physical & emotional state that accompanies the stress response)

스트레스 요인(Stressors) + 스트레스 반응(Stress Response) = 스트레스(Stress)

〈출처: Rice, PL, 1999〉

2. 스트레스의 의미

1) 부정적인 의미

① 스트레스는 무언가 안 좋은 것이라는 생각을 하게 된다.
② 해를 입거나 불쾌한 스트레스(damaging and unpleasant stress)를 의미한다.
③ 걱정(anxiety), 두려움(fear), 근심(worry), 동요(agitation), 고통스러워 피하고 싶은 순간이나 상황을 뜻한다.

2) 긍정적인 의미

① 결혼 축하연에 참석했을 때나 자신이 좋아하는 운동 경기에서 이길지도 모른다고 예상되는 결과 직전의 기분을 의미한다.
② 흥분(joy of stress) 혹은 새로 만난 사람에 대한 기대감이나 신비로움을 가질 때의 긍정적인 스트레스를 뜻한다.
③ 유익한 결과를 기대할 때의 즐거운 스트레스를 의미한다.

3. 스트레스의 주요 원인

1) 가족 관련 스트레스

경제 문제, 집안 일, 나만의 시간과 공간, 자기 존중감 저하, 충분한 휴식, 학업 문제, 가정폭력과 가족 간의 대화와 소통이 되지 않을 때의 문제를 의미한다.

2) 직업 관련 스트레스

정상적인 활동이 불가능할 정도의 육체적 · 정신적인 직업 관련 문제들을 뜻한다. 업무 환경, 나의 역할, 직원들이나 고객과의 대인관계, 경력 개발, 승진이나 이동 관련 문제, 가정과 직업간의 조화, 출퇴근 거리와 같은 문제를 포함한다.

3) 사회적인 스트레스

사회 경제적 상태, 드러내고 싶지 않은 생활 습관, 사회적인 지위의 이동, 가족의 갑작스런 죽음과 의도하지 않은 별거, 해고, 학교 안에서의 변화나 경제적인 빚의 문제를 포함한다.

4) 환경 스트레스

최근 자연재해(지진 · 화재 · 폭우), 인구 밀집, 공기오염(미세먼지), 가스유출, 층간 소음, 실내 오염, 화학물질 오염의 환경적인 문제가 심각해지고 있다.

2. 현대인의 스트레스 관리

1. 스트레스에 대한 감정적인 반응

① 내 마음 속에 잔뜩 쌓여있는 바윗덩어리를 의미한다.

② 인간이 가진 5~6 만 가지 생각 중 3~4 만 가지는 부정적인 것이다.

③ 내 얼굴과 인상은 남에게 보이는 시간이 대다수이다.

④ 때로는 나의 사랑표현법이 상대에겐 참을 수 없는 고통이 될 수도 있다.

내가 보는 나의 이미지	남이 보는 나의 이미지

2. 스트레스 관리의 과정

① 대처(coping) : 나 스스로 스트레스를 조절(controlling stress)할 수 있다.

② 이완(relaxation) : 긴장완화(점진적인 근육이완)를 위해 심호흡을 반복한다.

③ 연상(cognitive and imagery)

- 즐거운 상상과 자기 암시를 반복하고, 스트레스의 정도에 따라 자기 방어력을 키워 나간다.
- 크고 작은 목표를 꾸준하게 세워서 낮은 수준의 정신적 · 사회적인 스트레스를 점진적으로 주입하는 것도 좋은 방법이다.

3. 스트레스의 대처 자원

① 개인적인 성향 : 자기효능감과 긍정적인 생각으로 자신감을 높여준다.

② 사회적 연결망 : 가족, 친구, 직업, 확장된 네트워크와 취미생활을 비롯한 나의 지지망을 만든다.

③ 육체적인 자산 : 건강에 대한 자신감, 적절한 육체적인 에너지와 좋은 에너지를 가진 사람들과의 만남을 지속적으로 갖는다.

4. 건강한 생활양식

① 언제든지 정보를 구하고 서로 의지할 수 있는 나의 든든한 사회적 네트워크를 만든다.

② 내부고객 · 외부고객과 같은 대인 관계에 있어서 의사소통의 기술을 개선할 수 있도록 노력한다.

③ 나의 입맛과 체질에 맞는 건강한 음식을 섭취한다.

④ 개인적인 업무시간과 강도의 차이는 있지만, 적절한 수면시간 조절과 숙면을 취할 수 있도록 한다.

⑤ 정기적으로 운동한다.

- 조용하고 일정하게 유지할 수 있는 운동과 취미생활을 가진다.
- 혼자서도 할 수 있는 걷기, 달리기, 수영, 자전거 타기, 필라테스나 요가와 같이 시간과 장소에 구애받지 않는 운동종목을 정한다.

Check Point

별도로 운동할 시간이 없는 현대인에게 가장 좋은 건강 증진법은 일상에서 가능한 신체 활동을 늘리는 것과, 중간 중간 도심의 자연환경 속에서 걷기와 명상을 하는 것이다.

스트레스 관리 전문가인 인제대 의대 서울 백병원 정신건강의학과 우종민

〈출처 : http://garden13.tistory.com/1106 [나무부자 마음부자] [2014. 3. 25]〉

5. 삶의 질 높이기

삶의 질은 다양한 부류의 사람들에게 각기 다른 의미를 가질 수 있다.

① **인생의 모든 단계** : 육체적 건강, 정신적, 사회적, 재정적 웰빙(wellbeing), 가족관계, 교우관계, 직업과 내 여가 즐기기를 의미한다.

② **삶의 질을 나타내는 기본조건** : 나의 직업, 주거 환경, 육체적 · 정신적 건강, 배우고 싶은 분야의 교육, 여가시간과 나를 둘러싼 사회적인 커뮤니티를 의미한다.

3. 감정노동 서비스직

1. 의 미

① 직장 내 대인관계 안에서 일을 수행할 때, 조직 요구에 따라 자신의 감정과는 무관하게 행하는 유형의 노동을 의미한다.

② 내 · 외부의 다양한 요구처리 직종, 타인과의 접촉빈도가 높은 직업일수록 감

정노동의 강도가 높아진다.

③ 직접 대면 서비스 직종인 창구업무 종사자, 영업직, 서비스직, 객실 담당자와 같은 직무의 스트레스 강도는 최고조에 이를 수 있다.

Check Point

최선을 다하다 보면 반드시 성과가 따라온다. 덕분에 불필요한 스트레스도 받지 않는다. '스트레스는 최선을 다하지 않아 나쁜 결과가 생길 때 오는 증상'이다.

죽어라 최선을 다하고 두 번, 세 번을 해서도 안 되면 어쩔 수 없지만 지금껏 두 번까지 해서 안 되는 건 없더라는 것이다.

by LG CNS 신재철 前 사장

명 언

'남보다 뛰어난 것은 자랑거리가 되지 못한다. 진정한 자랑거리는 과거의 자신보다 뛰어난 것이다'

by 어니스트 헤밍웨이(Ernest Hemingway), 1899~1961

4. 감정노동에 대한 스트레스 관리

1. 감정노동의 결과

① 만만한 사람에게 습관적으로 공격적인 모습을 보이고, 아래 직원이나 부모에게 짜증내곤 한다. 기혼 여성은 아이들에게 화풀이를 하기도 한다.

② **가면(假面)우울증** : 내가 남이 된 것 같은 이인화(異人化) 현상을 보인다.

③ 지나친 의욕상실감과 심신의 피로감을 자주 느낀다.

④ **심인성(心因性) 질환**: 소화불량, 불면증, 생리불순과 과민성 대장증후군의 증상을 보인다.

2. 적응하기

① 상대방의 입장 이해하기 : '나를 일부러 무시하려고 한 것은 아니야.' '어느 누구라도 이런 상황에서는 화를 냈을 거야.' 하면서 상대방의 입장을 이해하려고 한다.

② 일과 나를 분리하기 : '지금 나는 연극을 하고 있어. 나는 일 때문에 다른 사람이 되어있는 거야' 하면서 자신과 업무를 절대적으로 분리하곤 한다.

③ 인지적인 기법 실행하기 : 셀프 위로와 격려하는 자기 암시나 혼잣말을 한다.

④ 분노 조절 훈련하기 : 심호흡, 자극 피하기, 관심 바꾸기, 용서를 통한 해소로 최대한 분노가 내면에 쌓이지 않도록 한다. 적당한 공간에서 소리 지르기도 분노 감정에서 일시적으로 탈출할 수 있는 방법 중의 하나이다.

⑤ 사고 중단법 실행하기 : '이제 그만' 하며 나쁜 생각을 멈추거나 다른 긍정적인 생각으로 즉각 전환하도록 한다.

명 언

'운명이 자신에게 신 레몬을 준다면 그것을 달콤한 레모네이드로 만들어라'

by 데일 케네기(Dale Breckenridge Carnegie), 1888~1955

3. 시간관리

① 우선순위를 정(定)하여 일한다.

② 가장 재미없는 일부터 시작하고 가장 맛없는 것부터 먹는 습관을 갖는다.

③ 최고로 효율적인 업무시간표를 작성한다.

④ 현실적인 목표 달성을 위해서 휴식시간까지 세밀한 시간 운영을 한다.

⑤ 가능한 범위에서 여러 가지 일을 통합하여 하나로 묶어서 진행한다.

⑥ 바쁜 일과 중에서도 반드시 여유 시간을 계획하도록 한다.

웃음의 효과 Check Point

① 혈중 스트레스 호르몬 수치의 감소(에피네프린; 부신수질 호르몬, 코르티솔; 부신피질 호르몬, 도파민)
② 혈압 완화
③ 면역계의 강화
④ 스트레스 완화
⑤ 통증 완화
⑥ 폐 안의 잔여 체류 공기량 감소

〈출처 : Savage et al., 2017〉

명 언

'행동은 가장 강력한 설득력이다.'

by 윌리엄 셰익스피어(William Shakespeare), 1564~1616

'너무 많은 생각도 쓸데없다'
계문자는 세 번 생각한 후에야 실행에 옮겼는데 공자께서 이를 듣고 말씀하였다. "두 번이면 된다."

by 공자, BC551~BC479

4. 복수적인 관계

① 나의 사적인 관계의 지인을 고객으로 만날 수도 있다.

② 피부관리사와 고객 간에 복수적인 관계(지인)인 경우, 고객관리의 테라피 환경을 최대한 보존하기 위해 개인적인 관계와 직업적인 관계를 절대적으로 분리한다.

③ 공사 관계의 경계를 명확히 규정해야 한다.

④ 고객으로 만난 관계는 절대 외부에서 사적인 약속으로 만나는 일을 만들지 않아야 한다.

4. 나만의 인생 설계 – 버킷리스트 작성하기

1. 나만의 인생 설계

버킷리스트(Bucket List)란 '죽기 전에 꼭 해야 할 일이나 이루고 싶은 일을 써 놓은 것'이다. 버킷리스트를 작성하면 머릿 속에만 두고 있던 하고자 하는 일을 기억하기 쉽고 달성하기 쉬워진다.

버킷리스트는 구체적으로 작성한 후 우선순위를 정해야 효과적이다.

* 해보고 싶은 것, 갖고 싶은 것, 되고 싶은 것, 이루고 싶은 것을 작성해 보자.

1) 버킷리스트(Bucket List) 작성하기

나의 버킷리스트
1. ....
2. ....
3. ....
4. ....
5. ....
6. ....
7. ....
8. ....
9. ....
10. ....
11. ....
12. ....
13. ....
14. ....
15. ....
16. ....
17. ....
18. ....
19. ....
20. ....

명언

'세상이 널 버렸다고 생각하는가? 세상은 널 가진 적이 없다.'

by 로베르 피레(Robert Pires), 1973~ 前 프랑스 축구선수

'쓰러질지언정 무릎은 꿇지 않는다.'

by 박지성, 1981~

Active Running

교과목	CS 피부미용 고객관리	담당교수	
날 짜	20 년 월 일	이 름	
5 주 차 활동주제	감정조절과 스트레스 관리 실행하기		

활동과제	고객관리와 상담을 시작하기 전에 마인드관리를 통해 감정조절과 스트레스 관리를 실행한다. 감정조절과 현명한 스트레스 관리를 위해 자신에게 맞는 건강한 생활양식과 시간관리를 계획해 본다. 내가 보는 나의 이미지와 남이 보는 나의 이미지를 비교해 본다. 버킷리스트를 작성하여 나의 꿈 노트를 실현해 본다. step 1. 감정조절과 스트레스 관리의 중요성에 대해 이야기 해 보기 step 2. 스트레스의 부정적인 의미와 긍정적인 의미에 대해 이야기 해 보기 step 3. 나의 버킷리스트 중 자신있게 오픈할 수 있는 몇 가지를 이야기 해 보기 1. 부정적인 스트레스, 나의 트라우마에 대해 극복한 사례(개인사례 or 기업사례)를 수집하여 공유하여 보자. 2. 긍정적인 스트레스를 잘 활용하여 에너지를 얻은 사례(개인사례 or 기업사례)를 수집하여 공유하여 보자. 3. 사례들이 주는 중요한 메시지는 무엇인가?(개인측면 or 기업측면)
제한사항	1. 4~5명씩 모둠을 편성하며, 상호 상담 방식을 통하여 조사한다. 2. 모둠별로 작성한 부정적인 스트레스와 긍정적인 스트레스 사례들이 주는 중요한 메시지에 대하여 5분 간 발표한다. 3. 모둠별 평가는 내용의 우수성 40점, 모둠 활동 30점, 개별 활동 30점이다.
Feedback	

Chapter 2

매너와 에티켓

6주–매너와 에티켓의 이해
7주–전화응대 서비스 매너
8주–중간평가
9주–글로벌 매너

Chapter 2 매너와 에티켓

6th week

매너와 에티켓의 이해

학습 목표

- 매너와 에티켓의 개념을 설명할 수 있다.
- 내부고객과 외부고객의 서비스 매너를 설명할 수 있다.
- 내부 근무 매너를 상황에 맞게 실행할 수 있다.
- 단정한 외모와 친절하고 예의바른 태도로 고객에게 서비스 응대 매너를 실행할 수 있다.

1. 매너와 에티켓

현대 사회생활에서 원활한 대인관계를 맺기 위해서는 적절한 태도와 행동, 커뮤니케이션 능력이 필요하다. 사람 사이에서 긍정적 관계를 맺고 소통의 오류를 줄이는 시작이 '에티켓'의 구체적인 표현인 동시에 매너 넘치는 생활이라고 할 수 있다.

직장에서 매일 다양한 사람들을 만나는 피부관리사들은 훌륭한 서비스를 제공하여야 하며 이를 위해서는 에티켓을 잘 지키고 좋은 매너를 갖추고 있어야 한다.

1. 에티켓의 개념

1) 에티켓의 어원

에티켓(etiquette)은 프랑스어로 예의범절을 뜻한다. 과거 베르사이유 궁전에 들어가는 사람에게 주어지는 티켓(ticket)과 궁 화단에 '꽃밭을 해치지 않는다' 는 의미의 프랑스어 동사 에스티키에(estiquer)라는 입간판을 붙인 것에서 유래되었다. 에티켓은 과거 유럽 사교계의 관례를 준수하기 위해서 지급되었던 유의사항을 적은 티켓, 설명서 또는 안내표지 등을 의미하였지만 오늘날 올바른 처신 또는 옳다고 생각되는 행위의 뜻으로 변화된 것이다.

표 5-1 유래와 의미

유래	의미
에스티키에(estiquer) : 중세 프랑스어 '붙이다'	공공을 위한 입간판, 안내판
스티켓(stiquette) : 설명서, 게시판	왕궁의 행사 참여 시 지켜야 할 유의사항
티켓(ticket) : 입장권, 초청장	왕궁의 행사 시 예의와 자격을 갖춘 대상을 선정해서 입장권(초대장)을 발부

역사의 흐름과 함께 에티켓의 어원은 의미가 변화되었으며, 오늘날 프랑스의 에티켓은 19세기 말 부르조아 사교계의 관례(usage), 예의범절(civilite)이 기초가 된 것이라고 할 수 있다.

2) 에티켓 정의

사회활동을 부드럽게 하고 쾌적하고 좋은 기분을 갖기 위해 지켜야 할 규범이지만 법적 구속력을 갖고 있지는 않다. 에티켓은 매너의 기본단계로써 상대의 마음을 불편하지 않게 하는 예절의 행동화된 습관이며 개인 간의 예법이다.

3) 에티켓의 기본 요소

에티켓은 규범적 · 의무적 · 공공적 · 행동적 속성을 가지며 '지키다'라고 표현하고 지키지 않으면 매너가 없는 사람으로 인식한다. 상황에 따라 바르게 처신하는 자세가 에티켓이며 이것의 기본 정신은 타인에게 폐를 끼치지 않으려는 마음, 타인을 존중하는 마음이다.

표 5-2 기본요소

상대를 먼저 생각하는 친절한 마음	자제력
공명정대한 정신	성실함
타인에 대한 관대함	유머
자존심	상식

2. 매너의 개념

1) 매너의 어원

라틴어 'Manusarius'에서 유래되었다.

2) 정의

매너는 사람의 행동과 습관의 의미를 함유한 손(hand)이라는 뜻을 가진 'Manus'와 방법과 방식(way)을 의미하는 'Arius'의 합성어로써 행동방식, 습관의 표출을 의미한다. 매너는 '이렇게 해주면 좋겠다'는 상대방의 마음을 헤아려주는 생활 습관이 행동으로 나타나는 에티켓의 세련된 표출방식이며 '좋다', '나쁘다'라고 표현한다.

3) 매너의 속성

① 매너는 어떤 일을 할 때 더 바람직하고 쾌적하며 우아한 느낌을 받고자 하는데서 비롯된 개인의 독특한 행동방식으로, 상대방에 대한 경의와 상대방을 인식한 행동으로써 서비스의 기본을 이룬다.

② 매너는 상대방을 배려하는 마음을 담은 행동으로 자의적이며 대인적 속성이 있고, 습관의 표출 및 이미지 연계의 특성이 있다.

③ 인사 매너, 명함전달 매너, 운전 매너 등 매너라는 용어는 현대사회에서 일상화되어 있다.

④ 매너는 상대방의 행동을 주의깊게 관찰하고, 생각과 행동을 일치시키려는 노력, 전통과 문화에 대한 정보를 습득하려는 노력을 통해 몸으로 익히는 것이다.

⑤ 매너는 상식, 친절, 논리로 구성되며 이 세 가지는 모두 동등하게 중요하다. 화장실을 이용할 때 줄을 서는 것은 상식이며, 직장이나 백화점의 엘리베이터에서 달려오는 뒷사람을 위해 잠시 기다려 주는 것은 친절이고, 상대방의 입장에서 보고 생각하는 것은 논리이다.

⑥ 매너는 상대방에 대한 관심과 배려가 행동으로 표현된 인격적인 행동양식의 습관화된 표출로 개인차가 있다.

2. 고객 서비스 응대 매너

피부관리사는 대인 서비스업의 전문가로서 피부관리실에서 프로다운 면모를 발휘해야 한다. 이를 위하여 직장 내에서는 내부 고객의 업무와 관련된 매너를 이해하고 실천하면서 자신의 업무를 책임감 있게 수행하고 직원 상호간 신뢰와 협조를 통하여 훌륭한 서비스와 피부관리 상품을 제공하여 서비스 품질의 가치를 높이는 역할을 하여야 한다.

1. 고객의 정의

고객이란 일반적으로 '내부 및 외부 고객'을 총칭한다.

표 5-3 고객

구분	내용
내부 고객	• 조직에서 근무하는 직원들을 말함 • 피부관리실에서 근무하는 동료, 상사, 부하직원 전부를 포함 • 직원과 직원 간, 그리고 직원과 조직 간의 접점관리(소통)가 중요함
외부 고객	• 상품이나 서비스를 구매하여 제공받는 사람

2. 근무(내부) 매너

피부관리실에서 내부고객의 역할은 매우 중요하다. 왜냐하면 근무환경에 만족하는 피부관리사는 외부고객의 기대를 충족시킴으로써 기존 고객의 유지나 신규 고객을 창출하는데 기여하게 된다. 기대를 충족한 피부관리사는 직무 만족도를 향상시키게 되고 결과적으로 서비스 품질도 함께 향상시키기 때문이다.

피부관리실에서 피부관리사는 최초 고객으로 분류되므로 원장은 내부고객의 근무환경이 만족스럽고 자발적인 동기부여가 향상되도록 이들을 적극적으로 관리를 해야 한다. 더불어 CS(고객서비스, Costomer Service) 교육을 통하여 고객지향적 사고와 서비스 마인드를 지속적으로 심어주도록 하고 피부관리사는 최종 고객의 만족도가 높아지도록 꾸준히 자기 개발을 위한 노력을 하여야 한다.

1) 인사

인사(人事)는 예의의 기본이며 사람이 해야 할 기본적인 행동으로 인간관계의 첫 만남에서 이루어지는 관계를 맺어가는 첫 행동이다. 일상생활에서 인사를 적극적으로 잘하는 사람은 직장의 동료, 선배, 상사뿐만 아니라 고객들에게도 좋은 이미지와 호감을 줄 수 있고 직무능력평가에서도 긍정적 영향을 미치는 중요한 덕목이다. 인사를 할 때는 아이컨택, 미소, 진심을 담아서 하며 날씨, 안부, 이슈 등 서로 공감할 수 있는 적절한 인사말을 함께 건낸다.

(1) 인사의 의미

① **감사** : 상대방에 대한 존경과 감사의 표현이다.

② **환영** : 관심을 나타내는 마음의 외적 표현이다.

③ **존중과 배려** : 상호 간의 견고한 관계를 형성해주는 표현이다.

④ **봉사** : 고객에 대한 봉사의 표현이다.

⑤ **인포에서** : 고객이 들어오면 일어나서 '안녕하세요. 반갑습니다.' 한다.

⑥ **복도에서** : 가벼운 목례를 하며 '안녕하십니까?' 한다.

⑦ **관리실에서** : 고객이 들어오면 너무 크지 않게 '안녕하십니까?' 한다.

(2) 인사의 자세

구분	내용
표정	밝고 환하게 미소를 짓는다.
시선	상대방의 눈을 바라본다.
어깨	힘을 빼고 자연스럽게 내리나 당당하게 편다.
머리/가슴/ 허리/ 다리	몸을 자연스럽게 곧게 펴서 일직선이 되게 한다.
무릎	무릎을 붙이고 위로 당긴다는 느낌으로 곧게 편다.
손	여성 : 왼손 위에 오른손을 올린 공수자세이다. 남성 : 차렷 자세로 바지 재봉선에 가볍게 팔을 내리고 손은 달걀을 쥐었다는 느낌으로 주먹을 쥔다.
발	양발의 발꿈치를 서로 붙이고 여성은 15도, 남성은 30도 정도 벌린다.

(3) 올바른 인사

① 미소를 살짝 지으며 상대방을 바라보며 아이 컨택을 한다.

② 상냥한 말씨로 밝은 '솔' 톤이나 안정감 있는 '미' 톤으로 정감있는 인사말을 한다.

③ 인사말을 한 후 상체를 45도 각도로 숙인 상태로 1초 정도 멈춘다. 이 때 시선은 상대방의 발끝이나 자신의 발끝에서 1.5cm 정도의 거리에 둔다.

④ 천천히 상체를 들어 올린다.

⑤ 반듯하게 서서 다시 아이 컨택한다.

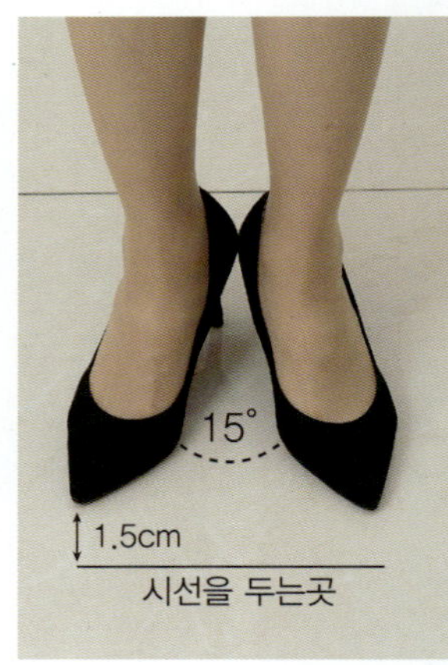
15°
1.5cm
시선을 두는곳

그림 6-1 남·여 인사법

(4) 인사의 종류

① 목례(눈인사, 약례)

허리를 15도 정도 숙이고 1초 멈추는 동작으로 가볍게 시선을 아이컨택 하는 인사이다. 복도나 실내에서 상사, 동료, 하급자를 만났을 때, 엘리베이터나 화장실 등 좁은 공간에서 만났을 때, 여러 번 마주쳤을 때, 앉아서 업무처리 중일 때 하는 인사이다.

실례합니다. 죄송하지만 잠시 기다려주시겠습니까? 고객님, 무엇을 도와드릴까요? 잘 알겠습니다.

② 보통례(일반적인 인사, 경례)

상체를 30도 정도 숙여서 2~3초 유지하고 고개를 드는 가장 일반적인 인사법이다. 업무상 만나는 고객, 상사와 고객을 맞이하거나 배웅할 때, 비슷한 직급이나 나이의 사람을 처음 만났을 때 하는 가장 일반적인 인사법이다.

안녕하십니까? 다음에 또 뵙겠습니다. 안녕히 가십시오. 어서 오십시오. 반갑습니다.

③ 정중례(최상례)

약 45도로 숙여서 하는 가장 정중한 인사이다. 연장자나 상급자를 만나거나 소개받았을 때, 진심어린 사과나 깊은 감사와 존경을 표현할 때, 하는 인사법이다. 자세는 여자는 공수자세를 하고, 남자는 주먹을 가볍게 쥐어 바지 옆선에 붙이고 정중하게 인사한다.

대단히 감사합니다. 진심으로 사과드립니다. 고객님 정말 죄송합니다.

자세를 갖추고 남자는 주먹을 가볍게 쥐어 바지 옆선에 붙이고 정중하게 인사한다.

① 목례

② 보통례

③ 정중례

그림 6–2 인사의 종류

2) 출근 매너

- 직장인의 성실성을 가늠하는 첫 번째 기준은 출 · 퇴근 시간이므로 피부관리사는 근무시간 15분 전까지는 출근하여 고객맞이 준비를 한다.
- 출근 시 밝고 활기찬 표정의 '솔'톤의 목소리로 인사(보통례)한다.

안녕하세요? 좋은 아침입니다.

- 먼저 본 사람이 인사해야 하는 것이 예의이므로 직장에서 마주치는 모든 사람에게 적극적인 인사말로 인사한다.
- 윗사람이 사무실로 들어오면 일어서서 인사한다.
- 부득이 지각을 하는 경우 사전에 연락을 취한다.

죄송합니다. 접촉 사고가 나서 약 30분 정도 출근시간이 늦을 것 같습니다.

- 지각하였을 경우 상사에게 사과하고 사유를 솔직하게 얘기한다. (정중례)

① 업무 준비

- 개인 락커 룸에서 업무를 위해 유니폼과 머리 스타일 등 개인의 용모를 단정하게 준비한다.
- 준비 후 상사에게 확인을 받고 출근 카드를 찍는다.
- 냉난방기, 온장고, 베드, 기기 등의 전원을 켜고 예약 스케쥴에 따라 적절하게 셋팅을 한다.
- 냉 · 온습포는 필요한 수량보다 여유있게 준비해서 정리한다.
- 인포메이션 데스크와 실내 거울 등의 먼지를 닦는다.
- 전화기의 착신을 풀어놓는다.
- 눈비가 오면 인포메이션에 카펫을 깔고 우산 꽂이를 준비해 놓는다.

3) 퇴근 매너

- 근무시간이 끝나기 전부터 가방을 싸거나 화장을 하는 등 퇴근 준비를 하는 모습은 바람직하지 않으므로 퇴근 준비는 근무시간이 끝난 후에 한다.

- 먼저 관리를 마친 직원이 마무리를 시작한다.
- 비어있는 룸의 베드, 온장고 등의 전기 플러그를 뺀다.
- 근무 마감을 할 때 관리받는 고객들이 불편함을 느끼지 않게 조심스럽게 정리정돈을 한다.

① 근무 마감

- 냉 · 난방기를 끈다.
- 베드의 전기 플러그를 뽑고 코드 선을 깨끗하게 닦아 소독 후 베드 위에 올려놓는다.
- 온장고, 피부미용기기, 공기청정기, 가습기 등의 전기코드를 뽑는다.
- 창문을 열어 환기시킨다.
- 바닥을 깨끗하게 쓸고 닦는다.
- 얼굴용 습포를 먼저 세탁하여 건조대에 정리한 후 바디용 습포를 세탁기에 돌려놓고 퇴근한다.
- 건조된 고객가운, 티셔츠, 반바지 등을 개어 정리한다.
- 화장솜은 냉장고에 보관해 둔다.
- 베드에 소독제를 뿌려 소독한다.
- 쓰레기통을 비우고 닦은 후 소독제를 뿌려서 소독해 둔다.
- 인포메이션 데스크의 서류와 문서를 정리한다.
- 비품, 서적, 문서 등은 원래 있던 장소에 정리해 둔다.
- 창문, 안전장치, 조명 등을 점검한다.
- 근무 종료시간이 되자 바로 자리를 뜨지 말고 오늘의 업무와 상사로부터 지시 받은 사항을 모두 이행했는지 점검하고 내일 할 일을 메모하고 난 후 상사에게 필요한 보고를 하고 퇴근한다.

② 퇴근 인사

- 오늘 하루의 수고에 대한 인사를 한다.

(상급자가 하급자에게) 수고하셨습니다. 수고하세요.
(하급자가 상급자에게) 오늘도 감사합니다. 고생이 많으셨습니다.

• 먼저 퇴근하는 경우

아직 일이 남았습니까? 제가 도와드릴 일은 없습니까?

• 나중에 퇴근하는 경우

안녕히 가십시오. 오늘 수고 많으셨습니다.

• 주말인 경우

즐거운 주말 되십시오.

4) 조퇴 및 결근 매너

• 부득이한 사유나 병으로 조퇴나 결근을 하는 경우 반드시 적절한 절차를 통하여 허락을 받는다.
• 결근을 하게 되는 경우 사전에 연락을 취한다.
• 결근 시 약속된 전화나 방문고객이 있는 경우 동료에게 협조를 구하고 고객에게 피해가 가지 않게 한다.
• 결근 후 다음날 출근할 때 반드시 인사를 한다.

죄송합니다.

• 조퇴를 하는 경우 최선을 다하여 당일 업무를 마무리하고 남은 업무는 상사의 지시대로 처리한 후 동료에게 양해를 구하고 조퇴한다.

5) 이석(離席)과 외출 매너

• 근무 중 자리를 비우는 경우(이석, 離席) 반드시 상사나 동료에게 알린다.
• 용건과 행선지를 밝히고 30분 이상 자리를 비울 때는 책상 위를 정리해둔다.

- 예정시간보다 외출이 지연될 경우 전화로 상황을 연락한다.

6) 정리정돈

자신의 책상을 비롯한 피부관리실의 모든 환경은 서비스와 직결되므로 청결하게 정리 정돈하여 좋은 이미지를 주도록 한다. 대기실, 관리 룸, 파우더 룸, 직원 휴게실, 화장실 등에 쓰레기와 먼지 등이 있다면 먼저 본 사람이 솔선수범하여 처리하는 태도를 가진다.

- 피부관리사는 자신의 외모뿐만 아니라 주변도 정리를 깨끗하게 한다. 주변이 산만하고 어지러우면 일을 할 때 시간의 소요가 많아지고 실수도 발생하기 때문이다.
- 인포메이션 데스크와 책상 위에는 고객관리나 예약 등 업무에 필요한 물건이나 자료만 올려둔다.
- 사용빈도에 맞게 서랍의 위 칸에서 아래 칸, 앞쪽에서 뒤쪽 순으로 책상서랍을 정리해두면 갑자기 예기치 않은 일이 생겼을 시 다른 사람에게 업무를 부탁해도 부담이 줄어들게 된다.

7) 업무지시를 받을 때의 매너

- 상사의 시야가 가리지 않게 상사의 옆에 약간 비켜서서 지시를 받는다.
- 항상 메모 도구를 준비하여 중요한 지시 요점을 기록하면서 끝까지 경청한다.
- 메모할 때는 육하원칙에 따라 정리하고 지시받은 일의 목적, 업무방침, 일의 처리 시기 및 속도를 파악하고, 의문스러운 점은 다시 질문하여 확인한다.
- 지시 내용 중 의견이 있을 때는 정중한 태도로 분명하게 말씀드리고 지시를 받는다. 이때 근거가 되는 자료나 사실을 제시하여 신뢰감을 받도록 한다.
- 지시가 끝나면 두세 걸음 뒤로 물러난 후 돌아서서 간다.
- 상사의 지시사항은 반드시 실행하고 업무의 진행과정을 수시로 보고한다.

- 업무 진행 중 예기치 않은 상황이 발생했을 때 혼자서 판단하여 일을 처리하지 말고 즉시 솔직하게 보고한다.
- 업무 수행이 늦어지는 경우 진행과정에 대하여 간략히 중간보고를 한다.
- 일의 결과는 정확하게 보고하고 수행 업무의 부족한 점을 감추거나 과대 포장하지 않는다.

8) 업무 보고의 매너

- 지시 받은 업무가 종결되었을 때 즉시 보고한다.
- 고객 상담카드의 전달이나 관리실의 자료를 보고할 때는 결재판(A4 받침대)에 넣어서 보기 좋게 전달한다.
- 가까이 서서 보고해야 할 경우 '실례하겠습니다' 하고 보고한다.
- 상사의 책상에서 50cm 정도 거리를 두고 상사의 약간 측면에서 보고한다.
- 책상이 없는 경우에는 1m 떨어진 곳에서 보고한다.
- 상사가 권유 하기 전에는 자리에 앉지 않는다.
- 보고를 할 때는 결론을 먼저 말하고 과정은 나중에 설명한다. 지시한 사람은 일의 결과를 가장 궁금해 하기 때문에 결론, 내용, 경과의 사실에 입각하여 보고한 후 자신의 견해를 덧붙인다.
- 문서가 필요한 경우 보고서를 작성하여 보고한다.
- 정확한 말씨로 명확하게 보고한다.

9) 직장에서의 인간관계

- 훌륭한 피부관리사는 혼자 힘으로 되는 것이 아니다. 나 스스로의 업무수행과 나와 함께 서비스를 제공하고 있는 내부고객의 도움과 협조가 없으면 좋은 서비스를 제공하기 어렵다. 그러므로 내부고객과는 원만한 인간관계를 유지하여야 한다.
- 어느 피부관리실에서나 예의 바르고 성품이 밝고 긍정적이며, 사람들 간에

신의가 있고, 일에 대한 판단과 업무수행 능력이 뛰어난 사람은 호평을 받는다. 반면에 어둡고, 소극적이며 우유부단하고, 신뢰성이 없고, 업무추진 능력이 없는 사람은 환영받지 못한다.

• 피부관리사의 성공여부는 소통을 잘하는 인간관계에 달려 있으므로 특히 타인을 탓하거나 부정적인 말을 삼가한다.

2. 고객(외부고객) 서비스 응대 매너

피부관리실의 외부고객은 피부관리사에 의해 생산된 서비스의 가치를 최종적으로 이용하거나 구매하는 대상으로 피부관리사의 품질 높은 서비스에 대한 만족 정도에 따라 직접적으로 매출에 영향을 주는 최종 고객이다. 따라서 피부관리사의 고객 서비스 응대 매너는 매우 중요하게 작용하기 때문에 고객 응대 시 예의 바른 매너를 갖춰서 자연스럽게 표출되도록 하여야 한다.

1. 고객응대를 위한 피부관리사의 기본적인 자세

① 자신이 피부관리실을 대표하고 있다는 자부심으로 자세를 당당하고 품위있게 한다.

② 피부관리실의 조직, 메뉴, 화장품, 상담 등에 정통한다.

③ 고객을 지위나 신분으로 차별하지 않으며 친절하고 공손하게 응대한다.

④ 고객의 얼굴과 이름을 기억한다.

⑤ 밝고 명랑하게 웃는 얼굴로 응대하여 고객에게 좋은 인상을 줄 수 있게 노력한다.

⑥ 잘 모르는 사항에 대해서 적당히 대답하지 않으며 확실하게 확인한 다음에 응답한다.

⑦ 고객과의 약속은 사소한 것이라도 반드시 지켜야 한다.

⑧ 사람은 다양한 성격과 행동 스타일을 가지고 있으므로 가능한 고객의 성격과 성향을 파악해 두어 고객 방문 시 그에 맞는 서비스 응대를 할 수 있게 노력한다.

2. 고객 응대매너

1) 고객응대의 중요성

간혹 옷차림이나 모양새로 고객을 차별 응대하여 낭패와 곤란을 겪은 사람들의 사례를 접한다. 지위와 신분을 막론하고 고객은 모두 귀한 손님이므로 외모와 차림새 등으로 차별하지 말고 항상 친절한 마음으로 동등하게 맞이한다. 피부관리사는 마음에서 우러나오는 친절과 배려의 고객응대 서비스를 하여 관리실의 서비스 품질 향상에 기여하고 더 나아가 피부관리실 매출을 이끄는 능력을 보여주어야 한다.

2) 고객 응대의 기본

(1) 고객 응대 시의 자세

표정, 말씨, 태도 등 손님을 대하는 행동은 고객에게 호감을 주기도 하고 불쾌감을 주기도 하기 때문에 고객응대의 기본자세 매너를 갖추고 손님을 응대하는 것은 매우 중요한 일이다.

① **자세** : 가슴은 똑바로 펴고, 머리와 목은 등과 일직선이 되도록 유지한다.

② **표정**

- 밝고 자연스러운 표정으로 반가움이 표출되게 한다.
- 때와 장소에 적합한 미소로 표정을 짓는다.

③ **시선**

- 손님과 아이컨택 하면서 가끔 입 부분을 바라본다.

- 시선을 아래로 두면 상대방에게 집중하지 않는다는 느낌을 주기 때문에 주의한다.

④ 말씨

- 정확한 응대 용어로 세련되고 부드러운 말씨로 표현한다.
- 위압감을 주는 단어는 삼가하고 경청하는 사람을 고려하는 말을 한다.

3) 고객 응대 시 예절

- 아름다운 매너, 자세, 그리고 상대방에게 현재 무엇이 필요한지를 적극적으로 파악하여 입장을 배려하는 마음으로 응대한다.
- 친절한 말씨로 공손히 말하고, 상대방의 이야기를 끝까지 들어주며 자신의 주관적인 감정을 표현하지 않는다.

4) 고객 응대 시 유의사항

- 손님을 기다리게 하지 말고 먼저 다가가서 인사하는 적극적인 태도를 보인다.
- 손님과의 논쟁을 금하고, 친절함을 잃지 말아야 한다.
- 무관심은 금물이며, 성의를 가지고 대한다.
- 손님의 이야기를 가로막지 않고 끝까지 경청해준다.

(1) 방문 고객을 맞이하는 요령

즉시 자리에서 일어서서 손님에게 인사를 한다.

어서 오십시오.

상대를 확인하고 용건을 듣는다.

무엇을 도와드릴까요?

(2) 방문객 접수

① 먼저 연락을 하고 온 경우

- 인사를 한 후 상대가 누구인지 파악하고 약속대로 안내한다.
- 중요한 고객은 해당 부서에 미리 알려 둔다.
- 손님이 명함을 주면서 본인을 소개할 때에는 가슴 높이에서 두 손으로 명함을 받는다.

② 자신을 밝히지 않는 경우

- 손님의 기분이 상하지 않게 손님의 성함을 물어본다.
- 상사와 개인적 친분이 있는 방문자도 있으므로 직무상의 의무로 성함을 묻는다는 양해를 구한다.

③ 약속이 되어 있지 않은 경우

- 만나고자 하는 사람이 사내에 있으나 만나지 못하는 경우에는 이유를 설명하고 추후 방문을 권한다.
- 특별히 중요한 손님이거나 중요한 용건을 가져온 경우 신속히 상사에게 연락한 후 지시를 따른다.
- 면회를 거절해야 하는 손님이 계속 찾아오는 경우 당황한 태도를 보이지 말고 정중하게 거절한다.

④ 만나고자 하는 사람이 부재중인 경우

약속을 하고 방문했는데 만날 사람이 다른 사정으로 부재중인 경우 정중하게 사과한다.

대단히 죄송합니다. 잠시만 기다려 주십시요.

⑤ 고객을 기다리게 할 경우

시간이 다소 소요될 때에는 고객에게 양해를 구하고 상사에게 기다리는 손님이 있다고 알림으로써 상사가 현재의 일을 빨리 마치도록 유도한다.

대단히 죄송합니다. 원장님께서는 아직 회의 중이십니다. 조금만 더 기다려주시겠습니까?

3. 고객 안내 매너

고객을 맞이하는 인사가 끝나면 용건을 확인하여 업무를 직접 처리하거나 용건에 해당하는 부서나 사람에게 안내를 한다. 업무를 처리하는 동안 고객이 편안할 수 있게 자리를 안내하고 업무처리 과정을 설명해 준다. 업무처리를 할 때는 고객의 시간이 낭비되지 않게 정확하고 신속하게 하는 것이 중요하다.

고객을 사람에게 또는 장소로 안내할 때는 먼저 자신을 소개하고 행선지를 말해 준다.

저는 ○○○의 피부관리사 ○○○입니다. 상담실로 모시겠습니다.

1) 방문객 안내

- 방문객보다 두서너 걸음 앞에서 안내한다.
- 방문객의 대각선 방향(방문객에게는 130도 각도)에서 안내한다.
- 눈, 입, 어깨, 손을 동시에 사용하여 안내하고, 팔은 45도 정도의 높이로 들고 안내한다.
- 손가락은 가지런히 펴고 엄지손가락을 벌리지 않고 손바닥을 위쪽으로 해서 방향을 안내한다.
- 시선은 고개와 함께 움직인다.
- 안내 시 어깨를 펴고 등을 굽히지 않는다.

2) 복도에서의 안내

- 복도의 크기를 고려하여 손님보다 약간 앞서 간다.
- 고객과 멀리 떨어지지 않도록 가끔 뒤돌아보면서 걸어간다.
- 모퉁이를 돌아갈 때에는 가야 할 방향을 가리키고 안내자가 옆으로 비켜서서 앞선다.

그림 6-3　복도에서의 안내

3) 문에서의 안내

- 여닫이문으로 문을 당겨서 여는 경우에는 문을 열고 잡은 후, 방문객이 먼저 안으로 들어가도록 안내하며, 문을 밀어서 여는 경우에는 안내자가 먼저 문을 열고 들어가서 방문객이 안으로 들어오게 한다.
- 자동문일 경우에는 안내자가 먼저 들어가서 문이 닫히지 않도록 잡아주고 고객이 들어가고 나오게 한다.
- 회전문의 경우에는 안내자나 아랫사람이 먼저 들어가서 회전문을 밀어준다.

그림 6-4 고객이 들어갈 때의 안내

그림 6-5 고객이 나올 때의 안내

4) 엘리베이터에서의 안내

- 엘리베이터를 타기 전에 미리 층수를 알려준다.
- 엘리베이터 안에서 안내자는 방문객에게 등을 보이지 않게 옆으로 서서 버튼을 누른다.
- 승무원이 없는 경우에는 손님보다 먼저 타고 내릴 때는 손님보다 나중에 내린다.
- 고객이 여러 사람인 경우에는 안내자가 먼저 타서 열림 버튼을 누르고 내릴 때도 제일 나중에 내리면서 엘리베이터를 조작한다.
- 승무원이 있는 경우에는 손님보다 나중에 타고 내릴 때는 손님보다 먼저 내린다.
- 안내자가 먼저 타거나 내릴 때에는 양해를 구한다.

그림 6-6　고객 방문 시 안내

그림 6-7　고객 배웅 시 안내

5) 계단에서의 안내

- 계단을 오를 때에는 안내자가 1~2계단 앞서 걸어가며 안내한다.
- 계단에 난간이 있을 때에는 손님이 난간의 손잡이를 잡을 수 있도록 배려한다.

그림 6-8 올라갈 때의 안내

그림 6-9 내려갈 때의 안내

6) 응접실에서의 안내

- 대각선으로 1m 정도 앞에 서서 안내한다.
- 방문객이 응접실에 도착하면 문 앞에서 "이곳입니다." 라고 말하고 들어간다.
- 의자를 권할 때에는 오른손으로 "이쪽으로 앉으십시오." 라고 한다.
- 상석의 위치를 정확히 파악한 후 손님의 직위와 중요도를 고려하여 손님에게 상석을 권한다.
- 고객이 자리에 앉으면 "잠시만 기다려 주시기 바랍니다." 라고 말한다.

그림 6-10 응접실로의 안내

그림 6-11 응접실에서의 상담

7) 관리 룸 안에서의 안내

- 내부를 확인할 수 없는 관리실 룸인 경우 반드시 먼저 노크를 한다.
- 문 앞에서 멘트한다.

> 이쪽으로 들어가시면 됩니다.

- 당기는 문은 고객을 먼저 들어가게 하고 미는 문은 안내자가 먼저 들어간다.
- 락커 위치를 가리키며 탈의를 안내한다.
- 탈의가 끝나면 베드 위치를 제시하며 고객이 누울 수 있게 안내한다.

> 저는 ○○○의 피부관리사 ○○○입니다. 고객님 베드에 누우시면 됩니다.

그림 6-12 관리 룸에서의 안내

4. 상석의 구분

1) 응접실, 사무실인 경우

- 손님이 가장 평안하고 쾌적하게 여길 수 있는 곳이 상석이며, 접견실의 구조와 계절에 따라 위치가 달라질 수 있다.
- 일반적으로 상석은 출입구에서 먼 쪽, 소음이 적은 곳, 비좁지 않은 자리 등 심리적으로 안정을 줄 수 있는 좌석, 또는 미관상 보기 좋은 좌석이다.
- 상사의 자리가 마련되어 있는 경우에는 상사와 가까운 곳, 특히 오른편이 상석이다.
- 창문이나 액자가 있는 경우에는 전망이나 그림이 보이는 곳이 상석이다.
- 응접실인 경우에는 긴 의자의 깊숙한 곳이 상석이다.

2) 승용차의 경우

- 운전기사가 있는 경우에는 운전기사와 대각선에 있는 뒷 좌석이 상석이고, 운전기사 옆 좌석이 말석이다. (상석 : ① → ② → ③ → ④)

• 자가 운전인 경우에는 운전석 옆 좌석이 상석, 뒷줄의 가운데 좌석이 말석이다. (상석 : ④ → ① → ② → ③)

• 운전자의 부인과 동승한 경우 운전석 옆자리는 부인석이다.

3) 열차의 경우

열차의 진행 방향으로 밖을 볼 수 있는 창가가 상석이고, 마주 보이는 곳이 차석이다.

4) 비행기의 경우

비행기 바깥을 볼 수 있는 창가 쪽이 상석, 통로 쪽 좌석이 차석, 가운데 불편한 좌석이 말석이다.

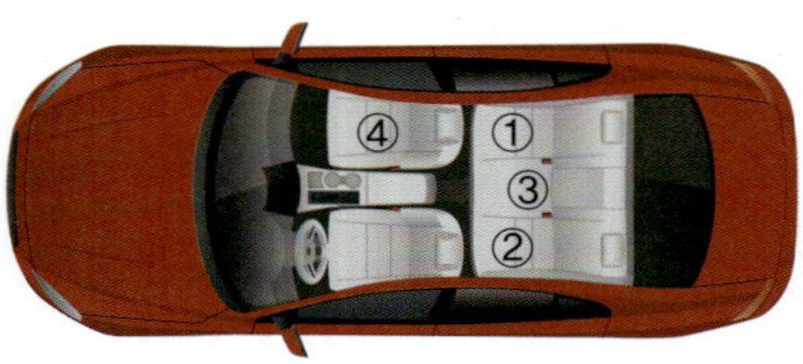

[자동차]

[열차]

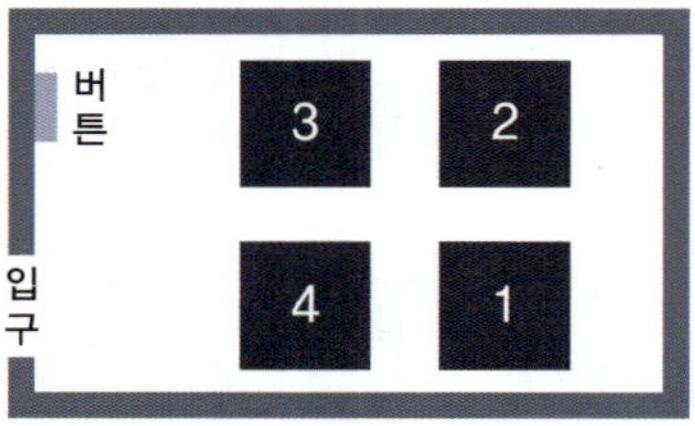

[엘리베이터]

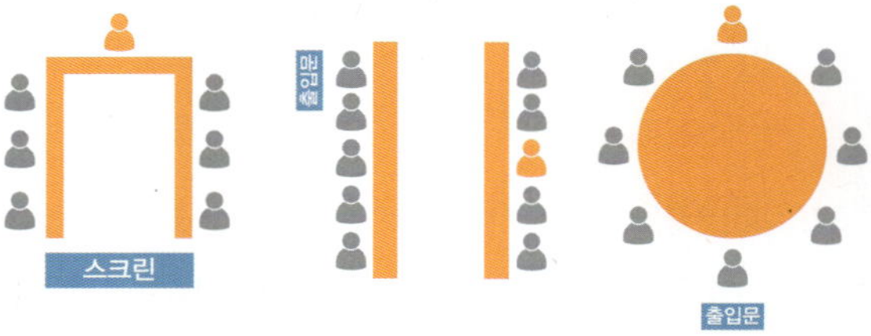

[회의실]

5. 면담 중 용건 전달

- 면담 중 상사를 찾는 전화가 오거나 급한 전언이 있을 때에는 내용을 메모하여 용무를 상사에게 전한다.

말씀 중에 죄송합니다.

- 면담 중인 손님에게 찾는 전화가 걸려왔을 때 전화를 건 상대방에게 손님과 직접 통화해야 하는지 또는 전화의 용건을 전달해도 좋은지를 물어보고, 급한 경우에는 용건을 메모하여 알려준다.
- 손님과의 면담이 너무 길어져서 다음 손님이 기다리거나 다음 일정이 있을 때에는 적절한 시간에 상사가 면담을 마칠 수 있도록 다음 일정을 메모로 전한다.

6. 소개(Introduction)매너

사람은 만남을 통해서 사회생활을 영위하고 자신의 인맥을 형성하며 자기개발을 하며 살아간다. 사람과의 만남에서 소개는 사교의 시작이며 사람과 사람을 이어주는 가교역할을 하는 중요한 의미가 있다. 소개를 할 때는 소개를 받는 사람과 소개되는 사람 모두 일어서는 것이 원칙이지만 나이가 많은 여성이 남성을, 노령인 사람과 환자가 사람을 소개받을 때는 예외이다.

[소개의 순서]

첫인사를 할 때는 소개가 된 사람이 소개받은 사람에게 먼저 자신의 이름을 말하고 인사한다.

처음 뵙겠습니다. 김○○입니다.

① 소개 순서

소개를 할 때는 하급자, 연하인 자, 직장 동료 등을 먼저 소개하고 그 후에 상급자, 연상인 자, 외부고객 등을 소개해야 한다.

선 소개	후 소개
하급자	상급자
연하인 자	연상인 자
직장 동료	외부인
미혼자	기혼자
가족	손님
사내 직원	외부인

② 소개 후 남성 간에는 악수를 교환하고, 이성간일 경우는 목례로 대신한다.

외부인에게 직장 동료를 소개

여성에게 남성을 소개

그림 6-13 소개 순서

1) 악수(Shaking Hand) 매너

(1) 악수의 의미

악수는 서양식 인사법이지만 현재 우리나라에서도 보편화되어 사회생활에서 인사를 할 때 자주 행하는 보디 랭귀지이다. 악수는 사교 활동의 중요한 행위이며 서로 손을 잡음으로써 마음의 문을 여는 의미가 있다. 그러므로 악수는 정중한 마음, 바른 자세, 밝은 표정으로 상대를 반겨주는 인사법이자 자신을 표출하는 자신감 있는 의사표현이므로 가능한 먼저 다가가서 청한다.

(2) 악수하는 순서

악수의 순서는 소개의 순서와 동일하게 웃어른이나 상사가 먼저 청한다. 단, 대통령, 왕족, 성직자의 경우는 예외이다.

먼저 악수를 청하는 사람	청함을 받는 사람
주인	손님
여성	남성
기혼자	미혼자
윗사람(상사, 선배, 연장자)	아랫사람

(3) 악수하는 방법

- 얼굴에 미소를 머금고 허리를 똑바로 펴고 일어선 상태에서 상대방과 아이컨택을 한다.
- 자신의 소속과 이름을 말한다.

만나서 반갑습니다. ○○○ 피부관리실 실장 ○○○입니다.

- 오른손을 내민다.
- 엄지와 인지 사이의 오목하게 들어간 홈 부분이 서로 닿게 하여 손을 잡는다.
- 적당한 높이에서 적당한 힘을 주어 잡고 3~4회 흔든다.
  - 손을 가볍게 흔들고 어깨보다 높이 올리지 않는다.
  - 여성과 악수할 경우 세게 잡거나 흔들지 않는다.
  - 윗사람과 악수할 경우 윗사람이 흔드는 대로 그대로 둔다.
- 반듯하게 서서 미소를 띠며 다시 아이 컨택한다.

올바른 악수방법

여성이 남성에게

상사가 하급자에게

주인이 손님에게

그림 6–14　악수하는 방법

(4) 악수할 때 주의사항

- 손가락 끝만 내밀어 악수하지 않고 손바닥이 축축한 경우 미리 손을 닦고 한다.
- 여성의 경우 먼저 악수를 청하는 것이 에티켓이므로 먼저 청하고 남성은 청할 때까지 기다린다.
- 악수는 서양식 인사이므로 동양적 관습으로 두 손을 잡고 할 필요는 없다.

- 당당한 자세로 허리를 곧게 펴고 악수하는 것이 일반적인 예의이나 왕이나 대통령과 악수하는 경우 허리를 약간 굽히면서 오른 손을 팔꿈치에 왼손을 붙이면서 정중하게 하는 것이 자연스럽다.
- 악수를 할 경우 남성은 예식용 외의 장갑은 벗어야 한다. 여성의 경우 예식용 장갑은 벗지 않아도 되지만 작업용 장갑이나 승마용 장갑을 착용한 경우에는 장갑을 벗고 악수한다.

7. 명함(Visiting Card) 교환 매너

명함은 초면인 사람에게 자신을 알리는 수단으로 활용하는 경우가 많으므로 항상 명함을 소지하여 매너있게 주고 받는다. 업무용 명함에는 소속, 성명, 직위, 직장 주소 등이 기입되어 있어야 한다.

먼저 명함을 전달하는 사람	나중에 명함을 전달하는 사람
아랫사람	윗사람
피부관리사	고객
소개된 사람	소개받은 사람
방문객	주인
높은 사람 순(여러 명의 경우)	아랫사람

1) 명함 준비하기

- 명함은 깨끗하게 명함 지갑에 여러 장을 보관하는 것이 좋다.
- 남성의 경우 명함 지갑이 준비되지 않은 경우에 상대를 만나기 전에 지갑에서 필요한 갯수의 명함을 상의 안주머니에 넣어 두었다가 사용한다.

2) 명함 교환하기

- 일어선 자세로 미소를 띠고 상대방과 아이컨택을 한다.
- 정중히 10도 정도 상체를 숙이며 인사한다.

- 소속과 이름을 밝히면서 상대방이 명함의 글자를 정면에서 볼 수 있게 하여 양손 또는 왼손을 받치고 오른손으로 건넨다.(동시에 전달할 경우 오른손으로 주고 왼손으로 받는다.)

반갑습니다. 저는 ○○○에 근무하는 ○○○입니다.

- 받은 명함은 만남 동안 테이블 위에 놓아두고 명함을 보면서 상대방의 이름을 불러 주는 것이 좋다.
- 만남이 끝나면 명함 후면에 만난 날짜, 장소, 용건, 인상착의 등을 메모하고 다음 만남이나 훗날에 참고하도록 한다.
- 만남이 끝나면 명함 지갑이나 명함 집에 넣어 보관한다.

그림 6-15 명함 전달 자세와 명함의 방향

3) 명함 예절의 주의사항

- 자신의 명함을 주머니에 넣어 불결하게 사용하거나 상대방의 명함을 손에 쥐고 만지작거리거나 테이블 위에 놓고 손으로 미는 것은 결례를 범하는 것이다.
- 상대방 바로 앞에서 아무 곳에 방치해두거나 즉시 명함꽂이에 꽂는 것 역시 예의에 벗어난다.

- 명함을 받은 즉시 확인하지도 않고 주머니나 지갑에 넣고 대화 도중에 이름이 생각나지 않아 다시 꺼내보는 것 역시 좋은 매너가 아니므로 명함을 받으면 그 자리에서 바로 소속, 부서, 직위, 성명을 확인하도록 한다.

8. 음료 접대 매너

1) 차 대접하기

- 차를 대접할 때는 대접할 수 있는 차 종류를 먼저 고객에게 말하고 반드시 고객의 취향을 확인한 후 준비한다.
- 차를 낼 때는 뜨거운 것은 뜨겁게, 찬 것은 차게 준비하고 잔의 70% 정도 양만 채운다.
- 쟁반을 가슴 높이로 받쳐 들고 목례를 한 후 오른 손으로 외부 고객부터 드린다.
- 찻잔은 고객의 정면에서 약간 오른 쪽에 내려놓고 서류나 다른 물건 위에 절대로 올려 놓지 않는다.
- 커피 잔 손잡이는 고객이 보는 방향에서 오른쪽으로 향하고 티스푼은 받침 접시의 오른쪽, 잔의 앞쪽에 놓는다.
- 차를 낸 다음에는 고객에게 등을 보이지 않게 한두 걸음 뒷걸음쳐서 조용히 나온다.

① 쟁반을 가슴높이로 받쳐들고 목례를 한다.

② 잔 손잡이는 고객이 보는 방향에서 오른쪽으로, 티스푼은 커피잔 앞쪽으로 놓는다.

③ 찻잔은 고객의 정면에서 약간 오른쪽에 내려놓는다.

④ 상담을 할 때에는 찻잔에 유의한다.

9. 방문객 배웅 매너

- 손님을 배웅할 때에는 상황(자리에서 배웅, 엘리베이터까지 배웅, 승용차까지 배웅)에 따라 적절하게 결정한 후, 하던 일을 멈추고 손님을 배웅한다.
- 우산이나 코트 등 보관품이 있을 경우에는 미리 준비해 두었다가 손님이 돌아갈 때 전해주고, 놓고 가는 물건이 없는지 한 번 더 점검한다.

- 고객을 배웅할 때는 주차문제나 교통편에 대해 자세히 안내하고 조치해 드린다.
- 필요한 경우 주차장에 연락하여 손님의 승용차를 대기시킨다.
- 어디서 배웅을 하든지 고객과 헤어지자마자 급히 등을 돌리기보다는 고객의 모습이 보이지 않을 때까지 여유있게 배웅한다.

10. 조문 매너

1) 조문절차

- 가까운 사이일 경우 연락을 받는 즉시 상가로 가서 조문하고 도울 일을 찾는다.
- 상가에 도착하면 문 밖에서 외투와 모자를 미리 벗는다.
- 상제와 서로 목례로 조의를 표한다.
- 영정 앞에서 가벼운 목례로 조의를 표하고 무릎을 꿇어 촛불을 이용하여 향에 불을 붙인다.
- 향은 손가락이나 왼손으로 가볍게 흔들어서 끈다.
- 두 손으로 향로에 향을 꽂는다.
- 영좌가 좌식으로 되어 있는 경우 고인 영정에 두 번 절하고 입식인 경우 허리를 90도로 굽혀 한번 경례한다.
- 일어서서 영정에 다시 목례하고 상주와 맞절을 한다.
- 상제에게 애도의 말을 전한다. 이 때 질문을 하는 것은 예의에 어긋나므로 삼가한다.
- 일어서서 상주와 인사를 마치고 나올 때 두세 걸음 뒤로 물러난 후 몸을 돌려서 나온다.
- 부의함에 부조금을 전하고 대접하는 다과가 있으면 간단히 먹고 돌아온다.

2) 조문 복장

(1) 남성복장

- 검은 양복을 입는 것이 원칙이나 짙은 색이나 회색 등의 무채색 양복도 무난하다.
- 셔츠는 반드시 흰색을 입는다.
- 넥타이, 양말, 구두는 검정색으로 착용한다.
- 사정상 정장을 착용하지 못하면 화려한 색감을 피하고 단정한 평상복을 착용한다.

(2) 여성복장

- 상하 검정색이 좋으나 상의는 흰색을 착용해도 무방하다.
- 눈에 띄지 않는 어두운 색상의 의상 착용도 가능하다.
- 검정색 구두와 핸드백, 무늬가 없는 스타킹을 착용한다.
- 액세서리 착용은 삼간다.
- 진한 메이크업이나 향수 사용도 금한다.

3) 조의금 전달

- 조의금 봉투에는 초상의 경우 부의, 근조, 조의, 전의 등이라고 적는다.
- 부조하는 사람의 이름 뒤에 아무 것도 적지 않아도 되지만 근정(謹呈), 근상(謹上) 이라고 쓰기도 한다.

4) 공수(拱手)

- 공손한 자세에서 손의 모습은 두 손을 앞으로 모아 맞잡은 것을 말한다.
- 공수법은 남자와 여자가 다르고 평상 시와 흉사 시가 다르다.
- 흉사 시(초상집, 영결식, 상중인 사람)에는 평상 시와 반대로 남자는 오른손이 위에, 여자는 왼손이 위에 놓인다.

그림 6-16　조문복장

핵심문제 풀이 Active Running

1. 다음 (　　) 안에 해당하는 단어를 적으시오.

① (　　　　)은 사회를 구성하고 공동체를 지탱하는 규범이며 우리말로 예법 또는 예절을 의미하며 법적 구속력을 갖고 있지는 않다. 매너의 기본 단계로써 상대의 마음을 불편하지 않게 하는 세련되고 품위있는 행동화된 습관이다.

② 매너는 손(hand)이라는 뜻을 가진 (　　　　)와 방법과 방식(way)을 의미하는 (　　　　)의 합성어로써 행동방식, 습관의 표출을 의미한다.

③ 고객이라 함은 (　　　　) 고객과 (　　　　) 고객을 총칭한다.

④ (　　　　)는 인간관계를 설정해주는 가장 기본적인 행위로 친절의 시작이며 고객과 만나는 첫걸음이고 상대방에게 다가서는 적극적인 자기표현이다.

⑤ 직장에서 짧은 시간에 동안 여러 번 마주치는 경우는 (　　　　) 인사법을 한다.

2. 다음 문제가 옳으면 ○표, 틀리면 ×표 하시오.

① 고객 방문 시 하던 일을 마무리한다. (　　)

② 응대 시 잘 모르는 경우 적당히 내가 알고 있는 대로 성심껏 응대한다. (　　)

③ 인사의 공수 자세에서 여자는 오른손이 위이고 남자는 왼손이 위에 놓인다. (　　)

④ 퇴근준비는 근무 마감 10분전에 미리 정리정돈한다. (　　)

⑤ 악수를 할 때 실례가 될 수 있으므로 손끝을 잡고 가볍게 악수한다. (　　)

⑥ 고객을 안내할 때 안내자가 앞에 선다. (　　)

⑦ 고객을 수행할 때 안내자가 뒤에 선다. (　　)

⑧ 상사에게 보고할 때 결론을 먼저 설명하고 과정을 나중에 설명한다. (　　)

3. 다음을 설명하시오.

① 스커트를 입은 여성의 앉는 동작

② 스커트를 입은 여성의 일어서는 동작

전화응대 서비스 매너

학습 목표

- 전화응대의 특징 및 구성요인, 기본 원칙을 설명할 수 있다.
- 전화를 걸 때의 서비스 예절에 대해 설명할 수 있다.
- 전화를 받을 때의 서비스 예절에 대해 설명할 수 있다.
- 상황에 맞는 바람직한 경어를 사용하여 전화응대 시 실수를 하지 않도록 익힌 후 실제에 적용할 수 있다 .

명 언

하나를 올바르게 알아서 실행하는 일은
백 가지 일을 대충하는 것보다 훨씬 더 높은 교양을 쌓게 해준다.

괴테(Goethe, Johann Wolfgang von,1749–1832), 시인·소설가·극작가

1. 전화응대의 특징

전화는 고객응대의 중요한 수단으로 고객과 전화가 연결되는 순간이 바로 서비스의 결정적 순간이라고 할 수 있다. 선진국의 경우 전화응대 능력을 인사고과에 반영할 정도로 중요한 비중을 두고 있으며, 직원의 사소한 전화응대 실수가 회사 전체의 이미지 형성에 절대적 영향을 미칠 수 있으므로 전화응대 시 세심한 주의가 필요하다.

① 기업의 대표 역할을 하며 전화 한 통이 기업 이미지를 결정한다.
② 고객과 기업의 첫 번째 접점으로 얼굴 없는 만남이다.
③ 예고없이 찾아오는 손님으로 일방적이다.
④ 고객 만족의 제일 접점이다.
⑤ 회사 PR과 세일즈 창구이다.
⑥ 보안성이 없으며 음성에만 의존한다.
⑦ 방문이나 대면 시 시간적, 경제적 비용이 드는 것에 비해 경제적이다.
⑧ 일대일의 쌍방향 커뮤니케이션으로 개별적이며 효율적인 서비스 응대가 가능하다.

2. 전화응대의 구성 요인

알버트 메라비언은 고객을 직접 응대할 때 성공적인 요소로 표정, 옷차림, 생김새, 태도 등 시각적인 요소가 55%, 말투, 빠르기, 어조 등의 청각 요소가 38%, 어떤 단어를 사용하는가가 7%의 영향을 미치며, 전화 응대 시에는 청각적인 요소가 82%를 차지하고 나머지 18%가 사용하는 단어에 의해서 결정된다고 하였다.

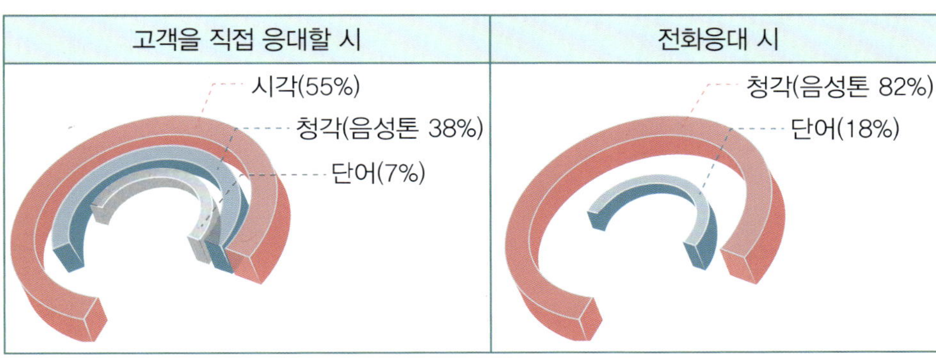

〈출처: 알버트 메라비언(Albert Mehrabian)의 1971년 저서『Silent Messages』〉

3. 전화응대의 원칙

전화는 무형의 회사 이미지 중 하나이자 고객과 소통하는 첫 번째 관문으로 전화를 받는 한 사람 한 사람이 모두 회사의 대표라는 마음가짐으로 성의껏 응대해야 한다.

특히 목소리, 태도, 응대 요령, 화법 등은 상대방으로부터 회사의 신뢰성을 평가받는 기준이므로 전화를 걸고 받을 때는 예의를 갖추어 신속, 정확, 친절(전화응대 3원칙)하게 고객의 문제에 공감하면서 전문상담사의 마음가짐으로 응대하도록 한다.

전화응대 333법칙	• 전화벨이 3번 울리기 전에 받는다. • 통화는 3분 이내로 한다. • 전화기는 상대방이 끊은 후 3초 후 살며시 내려놓는다.

1. 예의(Etiquette)

① 회사명과 직급(소속), 이름을 밝힌다.
② 정중하게 받는다.
③ 고객의 입장과 상황을 먼저 배려한다.
④ 고객보다 먼저 끊지 않는다.

2. 신속(Speed)

① 신속하게 바로 처리해 드린다.
② 간단명료하게 안내해 드린다.
③ 기다리지 않게 한다.
④ 세 번 이상 전화벨이 울리지 않도록 한다.

3. 정확(Correct)

① 정확한 어조와 음성으로 발음한다.
② 복창으로 요청 사항을 확인한다.
③ 기억보다는 기록으로 응대한다.
④ 고객이 되묻지 않도록 한다.

4. 친절(Kindness)

① 적극적으로 경청한다.
② 잔잔한 미소와 예의를 갖추어 소중히 받는다.
③ 고객의 기분과 심리를 긍정적으로 만든다.
④ 필요한 만큼 정보를 제공한다.
⑤ 상대방의 신원에 상관없이 정중하게 전화를 받는다.

5. 목소리

① 나 자신의 목소리가 곧 회사의 목소리다.
② 무미건조한 억양에 리듬을 반영하고, 음량을 조절하며, 미소를 띤 목소리로 고객이 말하는 속도에 맞추어 고객과 일치감을 형성한다.

4. 전화를 걸 때의 예절

1. 전화 걸기 전

① 전화를 걸어도 되는지 상대방의 상황을 먼저 고려해 본다.

② 상대방의 전화번호, 소속, 직급, 이름 등을 미리 확인한다.

③ 필요한 용건과 말할 순서를 메모하고, 필요 시 자료 등을 미리 옆에 준비한다.

2. 전화 걸기

① 왼손으로 수화기를 들고 오른손으로 전화번호를 누른다.

② 상대방이 전화를 받으면 자신을 밝힌 후 상대방을 확인한다.

③ 간단히 인사말을 나눈 후 용건을 간략히 말한다.

④ 용건이 끝나면 내용이 잘 전달되었는지 다시 확인하고 정리한다.

⑤ 마무리 인사를 한다.

⑥ 상대방이 전화를 끊은 것을 확인 후 수화기를 살며시 내려놓는다.

⑦ 통화 상대와 연결이 안 되었을 경우 후속조치를 취한다.

죄송하지만 메모를 부탁드려도 되겠습니까?

Check Point

기업의 전화는 업무만을 위해 사용하고, 통화 시 가급적 3분 이내를 원칙으로 하며 용건을 말한 뒤 친절한 멘트로 마무리 한다.

"오늘도 즐거운 하루 보내시기 바랍니다. 감사합니다."

5. 전화를 받을 때의 예절

1. 전화 받는 요령

① 전화벨이 울리면 목소리를 가다듬는다.

② 전화벨이 3번 울리기 전에 신속히 왼손으로 받고, 오른손은 메모 준비를 한다.

③ 인사말과 함께 소속 및 이름을 밝힌다.

> 안녕하십니까? 약손명가 실장 ○○○입니다.
> 무엇을 도와 드릴까요?

④ 부득이 늦게 받았을 때는 먼저 사과의 말을 한 뒤 통화한다.

> 고객님, 기다려 주셔서 감사합니다. 약손명가 실장 ○○○입니다.

⑤ 상대방을 정중하게 확인한 후 인사한다.

> 실례지만 어디십니까?
> 아! ○○○ 고객님이시군요!

⑥ 응대하면서 중요한 사항은 복창하여 확인하며, 육하원칙에 의거한 요점을 메모한다. (숫자와 고유명사의 경우 정확히 복창하여 재확인할 것)

> 죄송하지만 다시 한 번 확인하겠습니다. 용건이 ~에 관한 거 맞습니까?

⑦ 끊기 전 "더 궁금하신 사항이 있으신가요?"로 확인 후 용무와 어울리는 끝맺음인사를 한다.

> 좋은 하루 보내시기 바랍니다. 감사합니다.
> 약손명가 실장 ○○○입니다.

⑧ 상대방이 전화를 끊은 것을 확인 후 1초 뒤 수화기를 살며시 내려 놓는다.

⑨ 타인에게 걸려온 전화는 양해를 구하고 전화를 돌린다.

죄송하지만 잠시 기다려 주시면 곧 연결해 드리도록 하겠습니다.

⑩ 전달해 줄 내용은 메모지에 정리해서 바로 전달하도록 한다.

벨이 울리면 바로 받는다 →	상호명 부서명 성명 →	인사를 한다 →	메모를 하면서 경청한다 →	통화내용을 요약 복창한다 →	끝맺음 인사를한다 →	수화기를 놓는다 →
벨이 2번 울릴 때가 가장 적합	정확한 발음 정중한 말씨 다정한 음성	밝고 명랑하게	왼손:수화기 오른손:펜	중요내용, 숫자 장소, 위치 등 요약 복창	전화인사도 실제처럼, 감사하는 마음으로	상대가 전화를 끊는것을 확인하고 끊는다

2. 고객을 기다리게 해야 할 경우

① 예상되는 대기시간을 알려주고 기다리겠는지 의사를 확인한다.
② '홀드 버튼'을 눌러 주위의 소음을 차단한다.
③ 대기시간이 예상보다 길어질 경우 중간에 다시 확인한다.
④ 너무 길어질 경우 연락처와 용건을 받아 적고 양해를 구한다.
⑤ 대기 후 고객이 원하는 대상자와 직접 연결이 안 될 경우 선택하게 한 후 처리하도록 한다.

죄송합니다. 전화를 드리라고 할까요, 아니면 다시 전화 주시겠습니까?

⑥ 응대하면서 중요한 사항은 복창하여 확인하며, 육하원칙에 의거한 요점을 메모한다. (숫자와 고유명사의 경우 정확히 복창하여 재확인할 것)

죄송하지만 다시 한 번 확인하겠습니다. 용건이 ~에 관한 거 맞습니까?

⑦ 용무와 어울리는 끝맺음 인사를 한다.

네, 감사합니다. 오늘도 즐거운 하루 되십시오. 약손명가 실장 ○○○입니다.

⑧ 상대방이 전화를 끊은 것을 확인 후 1초 뒤 수화기를 살며시 내려 놓는다.

⑨ 전달해 줄 내용은 메모지에 정리해서 즉시 전달하도록 한다.

3. 담당자에게 전화를 연결할 경우

① 신속하게 연결하며 '홀드 버튼'을 눌러 주위의 소음을 차단한다.

② 연결도중 끊어질 것을 대비하여 연결받을 사람의 이름과 연락처를 메모한다.

> ① 실례지만 어디시라고 전해 드릴까요?
> ② 잠시만 기다려 주시겠습니까?
> ③ 바로 ○○○ 실장에게 전화를 연결해 드리도록 하겠습니다.
> 혹시 연결도중에 전화 연결이 안 되면 123-4567번으로 걸어주시면 됩니다.
> 감사합니다.

등의 안내를 한 후 전화를 연결한다.

③ 전화 연결받는 사람에게 고객의 이름과 요청사항을 인계해 주어 고객이 반복해서 말하지 않도록 주의한다.

④ 전화를 연결한 후에는 연결이 제대로 되었는지 확인한다.

4. 담당자가 부재중이거나 전화를 받기 어려울 경우

① 상황을 간략하게 설명한다.

> ○○○ 실장님은 지금 ○○중이라 전화를 받을 수 없습니다.
> 죄송하지만 성함과 연락처를 남겨주시면 전달해 드리도록 하겠습니다.
> ○○○ 실장은 외출 중(휴무)입니다. 용건을 남겨주시면 꼭 전달해 드리도록 하겠습니다.

② 통화가능 시간을 추정할 때는 조금 시간적 여유를 두고 알려준다.

③ 부재중인 사람의 개인적 정보는 잘 판단하여 알려준다.

④ 메모를 남기기를 원하는지, 다른 사람에게 연결할지 등을 묻는다.

> 실례지만 어떤 일인지 여쭈어 보아도 괜찮겠습니까?

<table>
<tr><th colspan="3">전 화 메 모</th></tr>
<tr><td colspan="2">○ ○ ○ 님께</td><td>○ ○ ○ 받음</td></tr>
<tr><td>전화 받은 일시</td><td colspan="2">년 월 일 시 분</td></tr>
<tr><td rowspan="2">성함(전화 건 사람)</td><td>회사명 :</td><td>부서명 :</td></tr>
<tr><td colspan="2">이 름 :</td></tr>
<tr><td>용건</td><td colspan="2">홈페이지 디자인 작업 관련 전화드렸다고 전해주시기 바랍니다.
최대한 빨리 연락 부탁한다고 전해주시기 바랍니다.</td></tr>
<tr><td rowspan="2">추후 연락방법</td><td colspan="2">□ 고객이 직접 다시 연락주기로 함</td></tr>
<tr><td colspan="2">□ 기업의 담당자가 전화를 걸어줄 것을 요청함
Tel :</td></tr>
</table>

Check Point

전언 메모 방법

용건을 물을 때는 언제(when), 어디서(where), 누가(who), 무엇을(what), 왜(why), 어떻게(how)의 5W1H를 정확히 한다.

전언메모는 전달해 줄 사람의 책상 위에 보기 쉽게 올려두고, 담당자가 돌아오면 구두로 "○○회사의 ○○○님께서 전화했었습니다."라고 전언이 있었음을 알린다.

5. 고객의 항의전화를 받을 경우

① 고객의 항의내용을 끝까지 경청하면서 꼼꼼하게 경위를 메모한다.

② 경청하면서 적절한 시기에 고객의 항의에 공감하는 표현을 한다.

네 ~ 정~말 속상하셨겠습니다. 아! ~ 그런 일이 있으셨군요! 아! ~ 정말 죄송합니다.

③ 항의내용을 정확하게 파악하여 정중히 사과하고, 요구사항을 확인한다.

> 고객님, 정말 죄송합니다.
> 고객님 입장을 충분히 이해합니다.
> 바로 알아보고 답변을 드리도록 하겠습니다.
> 고객님께서 원하시는 대로 해결해 보도록 최선을 다하겠습니다.

④ 고객의 항의내용에 따라 적절히 대처한다.

관리 후 트러블이 생겨 항의할 경우	죄송하다는 말을 먼저 전하고, 불편하시겠지만 숍에 방문하시면 상태를 확인한 후 트러블 진정에 좋은 관리를 해드리겠습니다. 는 말을 전한다.
관리 후 멍이 들어 항의할 경우	죄송하다는 말을 먼저 전하고, 불편하시겠지만 빠른 시간 안에 숍에 방문하시면 상태를 확인한 후 멍이 빨리 빠질 수 있도록 조치해 드리고 회복에 좋은 재생 제품을 드리도록 하겠습니다. 바쁘시더라도 시간을 내어 방문해 주시면 고맙겠습니다. 는 말을 전한다.
관리와 서비스에 만족하지 못해 항의할 경우	먼저 고객의 속상한 마음을 이해하고 있다는 것을 표현한 후 죄송하다는 말을 전하며 고객님, 정말 속상하셨겠습니다. 는 말과 함께 다시 한 번 숍을 방문해주시면 관리를 다시 해 줄 것을 약속한 후 불편하게 해 드린 점에 대해 다시 죄송하다는 말과 함께 꼭 방문해 주시면 감사하겠다는 말을 전한다.
고객이 원하는 시간에 예약이 안 되어 항의할 경우	죄송하다는 말을 먼저 전하고, 고객님 죄송합니다만 그 시간에 예약이 어렵습니다. (전후 10~30분 간격의 대처방안을 말씀드리며) 혹시 ~~은 어떠신지요? 는 말을 전한다.
계산착오로 항의할 경우	먼저 죄송하다는 말을 하고, 차액을 계좌로 입금시킨 후 전화 드리겠다는 약속을 한 후, 다시 한 번 죄송하다는 사과인사를 드린다.

6. 온라인 시스템을 통한 고객의 요구에 대한 대처

① 온라인상에 올라오는 글은 즉시 내용을 신속 · 정확하게 파악하여 답글과 함께 감사 또는 사과의 글을 올린다.

② 서비스 및 시술에 대한 불만의 글이 올라오면 재 시술 및 서비스 개선을 약속하고 알려주신 것에 대한 감사의 글로 고객의 마음을 풀어 준다.

6. 각종 문의전화 안내 예절

1. 매장 위치 문의

① 위치 문의를 할 경우 : 대개 최초 방문자일 가능성이 높으며 고객의 교통수단을 확인하여 안내한다.

② 고객이 대중교통을 이용할 경우 : 지하철, 버스 번호 및 하차 정류장, 도보 소요시간 등을 안내한다.

③ 고객이 자가용을 이용할 경우 : 휴대전화로 관리실 주소를 전송하여 안내한다. 주차 가능여부와 주차장 위치 안내를 함께 해 준다.

④ 고객이 도보로 올 경우 : 주변 대표 건물을 중심으로 방향 및 소요시간을 안내한다.

2. 시술 가격 문의

① 인포메이션 데스크 주변에 메뉴별 관리 요금표를 놓고 설명한다.

② 현재 진행 중인 프로모션과 제휴 할인 등이 있다면 함께 안내를 해 준다.

③ 고객이 문의한 사항에 대해 잘 모르거나 판단이 곤란할 경우에는

고객님 죄송합니다만, 잠시 기다려주시면 담당자를 연결해 드리겠습니다.

라고 말한다. (다른 직원과 연결되기 전에 on-hook 버튼을 눌러 놓는다.)

3. 휴일 · 영업시간 · 직원의 휴무 안내

① **관리실 및 담당 관리사의 휴무를 문의할 경우** : 관리실 근무규정 및 직원 근무편성표를 사전에 숙지하여 안내한다.

② **고객이 찾는 관리사가 있는 경우** : 직접 상담할 수 있도록 연결해 준다.

③ **영업시간을 문의할 경우** : 시작과 끝나는 시간을 알려 주고, 원하는 시술 서비스에 소요되는 시간을 고려하여 내방시간을 안내한다.

7. 네티켓

정보통신의 발달로 언제, 어디서든 메일을 주고받을 수 있으며 신속한 업무처리가 가능하다. 대부분의 이 메일은 무료로 제공되며 시간 및 비용이 절감되고 개인 또는 수많은 사람에게 동시 전송이 가능한 장점이 있다. 반면에 보안이나 정보유출의 가능성이 있으며, 돌이킬 수 없고, 넘쳐나는 스팸 메일의 환경에 놓이는 등의 단점이 있다. 이를 미연에 방지하기 위해 바람직한 업무 메일을 작성하는 방법을 숙지해야 한다.

네티켓(netiquette)은 올바른 공동체 형성을 위해 네트워크상 지키고 갖추어야 할 기본적인 예의범절로 네트워크(network)와 에티켓(etiquette)의 합성어이다.

1. E-mail 네티켓

① 메일 발송 시 발신자를 정확히 밝힌다.

② 인터넷 기사 검색 시 헤드라인에 주목하듯이 제목이 50% 비중을 차지하므로 제목만으로도 메시지를 파악할 수 있도록 [ ]와 같은 글머리 기호를 활용하여 상대방을 배려한 제목을 작성한다.

예시) [공지], [참조] 등을 앞에 넣는다.

③ 내용은 쉽고 간결하며 짧게 작성한다.

예시) [작은 얼굴관리 프로그램의 기대효과]

1. 매출 증대효과(약 25%)
2. 마케팅 및 인건비 비용절감 효과(약 15%)

④ 수신한 메일은 신속하고 효율적으로 답장을 보낸다. 상황이 여의치 않아 답장을 바로 할 수 없을 때는 '확인했습니다. 감사합니다.'라는 짧은 글로 확인했음을 상대방에게 알린다.

⑤ 받는 사람의 메일 주소가 정확한지 꼭 확인한다.

⑥ 지나친 약어나 속어 사용은 자제하며 올바른 언어를 사용한다.

⑦ 글자폰트, 색깔, 크기 등에 차이를 두며 문맥별로 한 줄씩 공간을 두어 읽기 쉽도록 한다.

⑧ 업무상 메일을 보냈다 하더라도 끝인사는 인간미를 느낄 수 있는 문장으로 마무리하여 업무상 관계의 윤활유가 되도록 한다.

예시) 갑자기 추워진 날씨에 감기 걸리지 않도록 조심하시기 바랍니다.
항상 감사한 마음 갖고 있습니다. 앞으로도 잘 부탁드립니다.
오늘도 행복한 하루 보내시기 바랍니다.

2. 자료실 네티켓

① 내용을 알 수 있도록 파일명을 작성한다.
예) 상반기 홍보전략 방안(2019.02.15)

② 첨부파일의 용량은 최소화한다.

③ 공개용 소프트웨어를 올리기 전에는 반드시 바이러스 감염 여부를 확인한 후 올린다.

④ 파일첨부 여부와 첨부한 파일이 잘 열리는지를 꼼꼼히 체크한다.

⑤ 유익한 프로그램이나 자료를 받았을 때는 그 자료를 올린 사람에게 감사의 글을 보낸다.

3. 게시판 네티켓

① 게시된 내용을 쉽게 알 수 있도록 제목을 붙인다.

② 게시판 글은 짧고 명확하게 사실에 근거한 내용만을 올린다.

③ 동일한 글을 여러 번 올리지 않도록 하고 인터넷 태그 사용을 자제한다.

④ 저작권을 침해하는 글과 사진은 올리지 않는다.

4. SNS(Social Network Service)

① 자신이 올린 게시물에 문제가 없는지 반드시 살펴보고 주의를 기울인다.

② 공유하고 싶은 게시물은 공개해도 되는 지 확인 후 옮긴다.

③ 확인되지 않은 사실을 그대로 믿거나 타인과 공유하지 않는다.

④ 타인의 이름, 주소, 사진 등 개인의 신상 정보나 이미지는 허가없이 사용하지 않는다.

⑤ 상대방의 동의없이 정보와 리스트를 광고, 홍보 등의 목적으로 악용하지 않는다.

상황별 전화응대 실습

Check Point

전화 응대 시의 실제 상황에 맞게 미소를 머금은 목소리와 전화 예절을 갖추어 전화응대를 해 보자.

"친절은 멘트의 문제가 아니라 톤의 문제다."

상황	답변
전화벨이 울려 먼저 받았을 때	안녕하십니까. 실장 ○○○입니다. 무엇을 도와드릴까요?
전화를 받아 다른 사람을 바꾸어 줄 때	네, 잠시만 기다려 주시면 바로 전화를 바꾸어 드리겠습니다. 연결 중 혹시 전화가 끊어지면 123-4567번으로 하시면 됩니다. ○○○ 고객님으로부터 전화입니다.
전화를 받을 사람이 통화 중일 때	○○○은 지금 ○○중이라 전화를 받을 수 없습니다. 통화가(관리가) 좀 길어질 것 같습니다. 통화가 끝나는 대로 전화를 걸 수 있도록 성함과 연락처를 남겨 주시면 전달해 드리도록 하겠습니다.
전화를 받아야 할 사람이 자리에 없을 때	죄송합니다만 지금 ○○○선생은 부재중입니다. 메모를 남겨주시면 오시는 대로 전화를 드릴 수 있도록 전달하겠습니다.
전화가 잘못 걸려 왔을 때	전화를 잘못 거셨습니다. 여기는 123 – 4567번입니다.
전화를 늦게 받는 경우	늦게 받아 정말 죄송합니다. 실장 ○○○입니다. 무엇을 도와드릴까요?

약손명가 전화 매뉴얼

Check Point

① 예약은 가능한 많이 잡을 것 ② 밝은 목소리 톤 유지 ③ 고객 질문에 바르게 대답하기 ④ 고객에게 소속, 이름을 먼저 밝히면 신뢰를 줌

	고객응대
직원	"네 효과로 보답하는 약손명가 실장 ○○○입니다 " "무엇을 도와드릴까요. 고객님"
고객	얼굴이 커서 고민인데 무슨 관리를 받아야 하나요?
직원	"고객님의 말씀을 들어보니 얼굴이 커서 고민이신 것 같습니다." "그렇다면 작은 얼굴 만들기를 받으시면 좋을 것 같습니다." "작은 얼굴 만들기에 대해서 궁금한 점이 있으십니까?"
고객	(가격이 궁금하다.)
직원	"네, 작은 얼굴 만들기는......" "다른 문의사항은 없으십니까?"
고객	(○○○이 궁금하다.)
직원	"네, ○○○이 궁금 하셨군요. ○○○○은 ~입니다." "혹시 효과에 대해 의문 사항은 없으십니까"
고객	(ㅇㅇㅇ에 대해 궁금하다.)
직원	"네, ㅇㅇㅇ에 대해 궁금하시군요. ㅇㅇㅇ은 ㅇㅇㅇ입니다."
고객	(궁금하지 않다)
직원	"네, 더 궁금한 점이 없으신가요." "고객님, 저희 약손명가에서 관리를 받으시면 얼굴도 작아질 뿐 아니라 이목구비도 같이 예뻐집니다. 한번 관리를 받아 보시겠습니까?" " (네) 네, 감사합니다. 고객님" " 그럼 오늘 상담을 받아 보시겠습니까?"
고객	(네) "네, 그럼 한번 상담을 받아보겠습니다."
직원	"감사합니다. 고객님, 몇 시에 상담이 가능하겠습니까?
고객	(오전 11시) "네, 그럼 상담은 오전 11시로 예약해 드리겠습니다. 고객님"
직원	"그럼 상담은 0월 0일 0시로 예약해 드리겠습니다." " 감사합니다. 고객님, 고객님께서 원하시는 모습으로 만들어 드리겠습니다." " (아니오) 네, 알겠습니다. 고객님" " 혹시 더 궁금한 사항은 없으십니까?"
고객	"네 없습니다."
직원	"고객님 혹시 저희 홈페이지를 보신 적이 있으십니까?" "아직 보지 못하셨다면 보시고 더 궁금한 사항이 있으시면 언제든지 전화주시기 바랍니다." "전화주셔서 감사합니다." "실장 ○○○이었습니다. 오늘도 행복한 하루 보내시기 바랍니다." ^^

Active Running

교과목	CS 피부미용 고객관리	담당교수	
날 짜	20 년 월 일	이 름	
6주차 활동주제	친절한 전화응대와 불친절한 전화응대의 사례를 조사하고 그 영향력에 대하여 공유한다.		

활동과제	1. 친절한 전화응대 사례(개인 및 기업)를 수집하여 공유하고 그 중요성에 대하여 발표한다. ① 사례 – – – ② 친절한 전화응대의 중요성 – – – 2. 불친절한 전화응대 사례(개인 및 기업)를 수집하여 공유하고 그 영향력에 대하여 발표한다. ① 사례 – – – ② 불친절한 전화응대가 주는 영향력 – – –
활동방법	1. 몇 명씩 모둠을 편성하고 토론을 통하여 사례를 수집한다. 2. 각 사례들이 주는 중요한 메시지(개인 및 기업)에 대하여 발표한다.
Feedback	

핵심문제 풀이 Active Running

1. 다음 (   ) 안에 알맞은 낱말을 적으시오.

① (   )는 고객과 기업의 첫 번째 만남으로 기업 전체의 이미지 형성에 절대적 영향을 미친다.

② 알버트 메라비언은 [전화응대 시] (   )인 요소가 82%를 차지하고, 나머지 18%가 사용하는 단어에 의해서 결정된다고 하였다.

③ (   )은 올바른 공동체 형성을 위해 네트워크상 지키고 갖추어야 할 기본적인 예의 범절이다.

2. 다음 문제가 옳으면 ○, 틀리면 ×표 하시오.

① 전화는 보안성이 없으며 음성에만 의존하고 개별적이며 효율적 서비스 응대가 가능하다. (   )

② 전화연결을 요청하는 경우에 지명인의 개인번호를 알려줘서는 안 된다. (   )

③ 전화를 받을 때 전화벨이 3번 울리기 전에 신속히 왼손으로 받고 오른손으로 메모준비를 한다.(   )

④ 전화응대의 3대 원칙은 "친절, 신속, 정확"이다.(   )

⑤ 메일 발송 시 글자폰트, 색깔, 크기 등에 차이를 두며 문맥별로 한 줄씩 공간을 두어 읽기 쉽도록 한다.(   )

3. 다음 빈 칸을 채우시오.

① 알버트 메라비언은 [고객을 직접 응대할 때]는 표정, 옷차림, 생김새, 태도 등 ________ 인 요소가 55%, 말투, 빠르기, 어조 등의 ________ 적 요소가 38%, 어떤 ________ 를 사용하는가가 7%로 결정된다고 하였다.

② ________은 전화벨이 3번 울리기 전에 받고, 통화는 간단히 3분 안에 마치며 수화기는 상대방이 끊은 후, 3초 후에 살포시 내려놓는다.

③ 항의 전화를 받는 경우 고객의 항의 내용을 끝까지 ________ 하면서 꼼꼼하게 경위를 메모하고 적절한 시기에 고객의 항의에 공감하는 표현을 사용하며 항의내용을 적절히 파악하여 정중히 사과하고 항의내용에 따라 적절히 대처한다.

Chapter 2 매너와 에티켓

9 th week

글로벌 매너

학습 목표

- 동양과 서양 문화를 이해하고 설명할 수 있다.
- 다양한 국가의 고객 성향과 기본 매너, 에티켓을 익히고 실천할 수 있다.

명 언

99℃까지 온도를 열심히 올려놓아도 1℃를 올리지 못한다면 물은 끓지 않는다. 물을 끓이는 마지막 1℃, 포기하고 싶은 그 마지막 1℃를 참아내는 것이다. 이 순간을 넘어야 다음 문이 열린다.

by 김연아, 前 스케이트선수, 1990–

문화(culture)는 로마시대 철학자 키케로(cicero)가 철학적인 의미의 '정신적 수련'을 기반으로 변화 · 발전하여 왔으며, 인간에게만 있는 생각과 행동방식 중 개인 또는 사회구성원들과 함께, 배우고 발전시켜 나가는 모든 것을 말한다고 할 수 있다. 즉 의식주, 언어, 풍습, 종교, 학문, 예술, 제도 등의 생활양식과 감성, 가치관, 정서 등의 상징체계를 모두 포함시킨다.

문화 교류는 정착생활을 기반으로 한 사회적 성향을 추구하는 인류에게 필수적이며, 인류의 생활양식을 포괄적으로 나타내는 사회 현상이다. 과거에는 지리적 또는 국가적 한계로 문화의 교류가 가로막히기도 했지만, 오늘날 국가를 초월한 글로벌 시대에는 공존을 향한 지구촌 교류를 통해 국제문화를 효율적으로 이해할 수 있어야 한다.

1. 동양 문화

우리나라는 '홍익인간' 사상을 근간으로 '충효사상'이 정치, 경제, 사회, 문화 전반에 자리 잡고 있는 윤리의식 국가라고 할 수 있다. 역사적으로는 주변국들과의 교류를 통해 다양한 문화를 만들고, 동시에 단일민족론을 주창하는 유교 윤리 국가이다. 그러나 오늘날에는 국제결혼 등을 통한 다문화 가족들이 늘어나면서 문화의 다양성을 융화하는 사회로 나아가고 있다.

중국의 중화사상 및 중화패권주의는 중국 문화의 다양성을 기반으로 하는 우월적인 조화주의를 표방한다. 중국의 꽌시(관계) 문화는 관계의 목적성을 우선시 한다.

일본은 제국주의 의식이 강하고 문화 침략을 통해 다른 나라에 대한 지배권을 행사하여 자국 문화의 우월성을 강조한다.

2. 서양 문화

미국의 문화는 영국의 청교도적 문화를 표방한 서양문화로서, 독립적인 문화보다는 다문화주의를 내세운다. 과거 소련과의 사상적 대립을 통해 세계를 양분화하였으며, 전 세계적으로 대중문화 구축 및 파급을 주도하였다. 헐리우드 영화는 미국문화의 우월성을 알리는데 널리 활용되었다. 또한 미국의 파티(party) 문화는 사교를 목적으로 하는 인위적 문화라 할 수 있다.

영국의 문화 우월성은 대단하다고 할 수 있다. 클래식과 대중문화 전반에 걸친 영국의 영향력은 문화 초강대국(cultural superpower)으로 존경을 받는다. 아울러 영국의 차(tea) 문화는 사교 문화의 일환이다.

자유, 평등, 박애정신으로 무장된 프랑스는 유럽의 여러 역사적 사건들에 의해 형성된 국가로서 유럽 문화 중 특히 영화, 패션과 요리에서 중요한 역할을 하고 있다. 프랑스의 살롱(salon) 문화는 지식과 예술을 한 공간에서 교류한다.

3. 국가별 매너

1. 미국

고객 성향	격식에 얽매이지 않는 실용주의 성향이지만 약속의 이행과 프라이버시를 최우선으로 한다.
비지니스 매너	• 일주일 전에 미리 전화 예약하고 시간관념이 강해서 약속 시간은 꼭 지키도록 한다. • 실용주의로 근무시간에 약속을 정한다. • 비지니스(business) 복장은 정장을 갖춘다. • 가볍게 담소를 나눈 뒤 바로 본론에 들어가는 편이다. • 명함은 앞으로 거래가 지속될 때 교환이 이루어진다. • 인맥도 중요하지만 과거의 업적과 평가, 실적을 더 중요시 한다.
인사 에티켓	• 초면인 자리는 일어나서 악수하고, 지위가 높은 경우 처음부터 이름(fist name)으로 부르지 않는다.
선물 매너	• 비지니스 선물은 계약이나 협상이 끝난 뒤가 좋다. • 한국식 선물이 좋고, 보통 포장은 하지 않고 모두가 볼 수 있도록 공개적으로 준다. • 사무실에서 유용한 물건, 술, 와인을 선물할 수 있다. • 꽃을 선물하고 싶다면 도착 전에 미리 보내는 것이 좋다. • 여성에게 향수나 옷 선물은 개인적인 선물로 간주되어 좋지 않다.
식사 에티켓	• 음식과 음료수는 1인 1메뉴로 주문한다. • 식사할 때 소리 내는 행동을 매우 불쾌하게 여긴다. • 절대로 손가락을 써서 음식을 잡지 않도록 주의한다. • 음식을 조금 남기거나 특정 음식을 먹지 않아도 실례가 안 된다. • 더치페이(dutch pay) 문화가 발달하여 본인 식사비만 계산해도 자연스럽다.
금기사항	• 부딪히거나 실수하면 무조건 "죄송합니다(Excuse me & I am sorry)." 라고 한다. • 팁(tip)은 보통 15~20%로 너무 적으면 상대방이 무안하게 생각하므로 주의한다. • 아이들을 예쁘다고 함부로 만지거나 터치하면 절대 안 된다. • 특정 종교, 여성, 인종, 소수민족 등에 대한 차별적 발언은 금한다. • 여성의 외모, 나이, 결혼 여부는 절대로 먼저 묻지 않는다.

2. 일본

고객 성향	개인주의적 성향으로 바쁜 관리 환경을 불편해하며, 표현을 간접적으로 한다.
비지니스 매너	• 약속 시간을 철저히 지킨다. • 복장은 단정하게 입고, 상대방을 배려하며 겸손한 자세로 임한다. • 인맥과 연고가 중요하며, 처음부터 거래로 이어지지 않는다. • 명함은 늘 충분히 소지하고, 아랫사람 혹은 방문자가 먼저 건넨다. • 길은 한 줄로 걷고, 계단, 에스컬레이터, 복도는 왼쪽으로 걷는다. • 신용, 업적, 거래 이력이 중요하며 한 번 거래를 하면 오래 간다. • 업무 성과를 집단 평가하기 때문에 개인에 대한 칭찬은 좋지 않다. • 호칭은 가족과 친구는 이름을 사용하지만, 일반적으로 성을 부른다.
인사 에티켓	• 대화 시 꼭 경어를 사용하고, 악수를 하는 것은 드물다. • 허리를 굽혀서 인사하는 것이 좋은데 그 정도가 상하관계를 나타낸다.
선물 매너	• 김, 김치, 건어물 등 식품과 도자기 선물을 좋아한다. • 선물은 짝수로 된 것이 좋다.
식사 에티켓	• 시각적인 면을 매우 중요시하여 음식을 섞지 않고 그대로 먹는다. • 바른 젓가락 사용이 무엇보다 중요하다. • 건배가 끝나기 전에는 음식에 손을 대지 않는다. • 국, 탕에 절대로 같이 수저를 넣어서 먹지 않고 개별 그릇을 쓴다. • 면은 소리를 내어 먹어야 맛있게 먹는다고 생각한다.
금기사항	• 등 뒤에서 손뼉을 치면 안 된다. • 칼을 선물하면 관계 단절을 뜻한다. • 흰색은 죽음을 의미하고, 4는 불행을 의미한다. • 리본이나 반짝이는 포장을 사용하지 않는다.

3. 중국

고객 성향	주관적인 성향이 강하고 개성이 뚜렷하여, 강요하는 말투와 과도한 친절은 주의하도록 한다.
비지니스 매너	• 자국에 대한 자부심, 집단의식, 협력, 의리, 예의를 중요시 여긴다. • 복장은 보수적이며 외관보다는 브랜드를 중시하는 편이다. • 비니지스는 시간적 여유를 갖고 진행하며 융통성이 필요하다.
인사 에티켓	• 인사 시 이름을 빼고 성에 직함을 붙여 부른다.
선물 매너	• 빨간색 포장지를 선호하고, 성의를 담은 과일, 특산물, 꽃이 좋다. • 선물을 세 번 정도 거절하는 것이 예의로 생각하므로 계속 권한다. • 괘종시계, 거북이, 손수건, 꽃, 청색, 백색은 피한다. • 선물을 받은 후 그 자리에서 열어보지 않는 것이 일반적이다.
식사 에티켓	• 손님을 접대할 때는 미리 음식과 좌석을 예약한다. • 생선을 뒤집으면 '절교'라는 뜻이다. • 본인이 젓가락으로 음식을 집어주는 것을 '정'의 표시라고 여긴다. • 음식을 남기는 것은 예의라고 생각한다. • 공용 스푼(spoon)이나 젓가락을 이용해 개인 접시에 덜어 먹는다. • 술잔은 돌리지 않고, 항상 채워주고, 건배 시 잔을 부딪치지 않는다. • 건배한 잔은 비워야하며, 술에 자신이 없을 경우 조금만 마셔도 괜찮다. • 술자리 시 비지니스 얘기보다는 개인 얘기로 활용하는 것이 좋다. • 식사자리에서도 흡연을 하고 담배를 권하는 것도 친밀감의 표시 중 하나라고 생각한다.
금기사항	• 녹색 모자는 금지, 흰색 사용은 주의한다. • 손수건, 우산, 시계, 하얀 꽃 등은 눈물과 죽음의 의미로 금물이다. • 국가명칭, 국기, 국장, 군기, 훈장 등을 상표로 사용하지 못한다. • 과일 중에서 배는 헤어진다는 의미로 생각해서 선물하지 않는다.

4. 대만

고객 성향	• 보수적인 성향으로 고객에게 인사를 잘해야 한다. 사회적인 풍조로 선금 티켓팅(ticketing)에 다소 불신이 있다.
비지니스 매너	• 아열대 기후로 30도 이상 덥고, 4계절 내내 습도가 매우 높다. • 날씨와 환경으로 인해 정장은 중요한 미팅 때만 착용한다. • 시간을 정확히 맞추는 편으로 업체와의 약속은 10분 전에 도착한다. • 비즈니스 미팅은 본론으로 바로 들어가기 보다는 상대방을 추켜세워주며, 분위기를 부드럽게 만든 후에 비즈니스 얘기를 꺼내는 편이 좋다.
인사 에티켓	• 인사는 '니하오(你好)' 혹은 '헬로우(Hello)' 로 하고, 우리나라에 비해 격식없이 자연스럽다. • 중국어 호칭으로 남성은 성 뒤에 셴셩(先生)을, 여성에게는 샤오제(小姐)를 붙이는 것이 보편적이다. • 중국에서 샤오제는 유흥업소 아가씨를 부르는 말이지만, 대만에서는 전혀 부정적인 단어가 아니다.
선물 매너	• 붉은색을 선호하고, 아기자기한 작은 것에 감동한다. • 돈과 관련된 숫자 8을 좋아하고, 짝수로 맞추려는 경향이 많다. • 식품류 선물이 일반적이며, 한국 음식에 대한 수용도가 높다. • 인삼, 홍삼, 한국 술, 여성은 화장품에 대해서 매우 관심이 높다.
식사 에티켓	• 외국문화에 개방적이라 글로벌 음식문화에 대한 수용력도 높다. • 50년 일본 식민지 역사로 인해 일본 식생활에 익숙해졌다. • 갈비와 삼계탕, 삼겹살 같은 한국 요리에 대한 인기도 높은 편이다.
금기사항	• 시계, 우산, 손수건, 부채, 칼, 가위 등이 공통적인 금기선물이다. • 국화꽃과 글라디올러스(劍蘭)는 장례와 성묘 시에 사용되는 꽃이다. • 수건은 장례식 조문객에게 주는 선물이므로 주의해야 한다. • 숫자 3(분산), 4(죽음), 5(없다)는 기피한다.

5. 싱가포르

고객 성향	부끄러움이 많은 성향으로 한국문화에 관심이 높다. 같은 실수를 반복하는 것을 특히 싫어한다.
비지니스 매너	• 중국계 74.1%, 말레이계 13.4%, 인도계 9.2%, 기타 3.3%로 구성된 다민족 국가이다. • 약속시간에 늦는 것을 모욕으로 느끼므로 시간엄수는 필수적이다. • 여성을 존중하고 사회참여가 많으며, 체면을 중시한다. • 연중 고온 다습하므로 간편한 여름 복장이 일반적이며, 에어컨 작동이 강해서 여분의 옷을 준비한다. • 갑작스럽게 비가 내리는 경우가 많아 휴대용 우산을 준비한다. • 중국계 싱가포르인의 체면을 깎는 상황은 피하도록 한다. • 초면은 연장자나 직급이 높은 사람이 먼저 상대방을 소개하며, 명함은 두 손으로 받고 신중히 다뤄준다.
인사 에티켓	• 일반적인 인사는 악수지만 인종에 따라 작은 차이가 있다. • 말레이인들은 대부분 무슬림이기 때문에 남성과의 악수만 허용한다. • 중국계는 남녀 악수가 허용되고 오랜 시간 악수하는 편이다. • 인도계는 악수 대신 고개를 숙이는 목례로 인사하는 것이 좋다. • 이름과 직함을 부를 때 상대방이 먼저 소개할 수 있도록 기다린다.
선물 매너	• 공무원은 뇌물수수의 법률이 엄격해서 간단한 기념품이 좋다. • 중국계는 가위, 칼은 절교, 꽃, 시계, 손수건은 장례식 의미로 피한다. • 선물 포장은 빨강, 핑크, 노랑이 좋고, 파랑, 흰색, 검은색은 피한다. • 짝수를 선호하며 8은 행운과 재산, 9는 장수의 의미로 좋아한다. • 말레이계는 대부분 무슬림이므로 술을 선물해서는 안 된다. • 인도계의 초대를 받았을 때는 반드시 선물을 준비하고, 포장지는 붉은색, 노란색, 파란색으로 초콜릿이나 과자가 좋다.

식사 에티켓	• 식사 초대를 받을 때는 되도록 응하고, 어느 정도 안면이 있을 경우 초대하는 것이 좋다. • 채식주의자인지 무슬림인지 파악해 메뉴를 신중하게 선택해야 한다. • 상급자와 연장자가 먼저 젓가락과 냅킨 등으로 식사 시작을 알리고, 회전판 음식은 연장자가 먼저 한다. • 식사 시에는 생선을 뒤집어 먹지 않는다. • 인도와 말레이 음식은 손으로 먹기도 하는데 오른손만 허용된다. • 인도와 중국 음식은 조금 남겨 배부르게 먹었음을 표시하면 좋다. • 개인 사생활을 중요시하므로 저녁식사 약속은 피하는 것이 좋다.
금기사항	• 대중교통, 도서관, 식당 등 거의 대부분의 장소가 흡연 금지이다. • 택시 탑승 시 뒷자리 안전벨트 미착용 시 벌금을 부과한다. • 공공장소 쓰레기 투척, 무단횡단, 침을 뱉을 시 벌금을 부과한다. • 자선 추첨, 토토, 복권, 경마장 내 배팅을 제외한 도박은 불법이다. • 화장실에서 용변 후 물 내리기 렌덤 체크(random check)로 벌금을 부과한다. • 처방전 없는 모든 약을 금지한다. • 법률과 규정이 많고 매우 엄격하게 집행되며, 준법정신도 강하다. • 싱가포르 국민들은 술, 담배를 권하지 않는 것이 좋다. • 왼손으로 식사하거나 사람과 접촉하지 않도록 한다. • 따로 팁을 주지 않아도 된다.

6. 필리핀

고객 성향	착하고 긍정적이면서도 개인주의적인 성향으로 에티켓을 지키고, 상대방에게 강요하지 않도록 한다.
비지니스 매너	• 양복 바지에 와이셔츠, 넥타이가 정장으로 통용된다. • 정장 상의는 입지 않아도 무방하나, 실내 에어컨을 강하게 작동한다. • 남성은 전통의상인 바롱(barong)을 입으면 친밀감을 줄 수 있다. • 수도인 마닐라는 교통체증이 심하며 월, 금요일에 가장 심하다. • '필리피노 타임(filipino time)'이라는 농담을 주고받을 정도로 약속시간에 30분 정도 늦는 것이 습관화 되어 있기 때문에 현지인의 지각은 이해하도록 한다. • 출근, 퇴근이 변화가 잦고, 점심 휴식시간이 있어서 여유를 두고 약속시간을 정하는 것이 좋다.
인사 에티켓	• 영어 혹은 따갈로그(현지어)로 간단한 인사 정도 사용하면 무난하다. • 상담자가 나이 많은 여성인 경우 악수를 청하기 전까지 기다린다.
선물 매너	• 받은 선물은 상대방의 허락없이 남들 앞에서 열어보지 않는다. • 병문안 갈 때 꽃보다는 카드나 음식을 준비한다. • 꽃은 생일, 졸업, 프로포즈 때 주로 선물한다. • 비싼 선물보다는 한국의 전통적인 전통 차, 인삼, 기념품이 좋다.
식사 에티켓	• 식사 중 코를 푸는 것은 매너와 에티켓이 없는 사람으로 간주된다. • 음식을 입에 가득 넣고 대화 시 예의 없는 행동으로 생각한다. • 식사 후 트림을 하면 음식이 아주 맛있었다는 의미로 생각한다. • 음식이나 다른 것들을 권유 받을 경우 거절하지 않는 것이 예의다.
금기사항	• 언성을 높이는 것은 매우 모욕적인 일로 간주되므로 주의해야 한다. • 손이나 손가락으로 탁자를 두드리면 여성에 대한 모욕의 의미이다. • 자존심이 강하므로 무시하는 태도는 보이지 않는 것이 좋다. • 공개석상에서 직원을 야단치면 매우 모욕적으로 받아들인다. • 유흥가에서의 과격한 행동은 신변에 위협을 느낀 상대방이나 경비원들이 권총을 사용할 수 있을 정도로 현지법이 엄격하다.

7. 베트남

고객 성향	오토바이 이용이 보편화되어 피부노화, 넓은 모공, 피부 트러블이 심해서 신경을 많이 쓰는 편이다.
비지니스 매너	• 아열대 기후로 30도 이상 덥고 4계절 내내 습도가 매우 높아서 정장은 중요한 미팅 때만 착용한다. • 여성은 일반적으로 아오자이(Áo Dài)와 정장을 착용한다. • 비지니스 미팅은 상대방을 세워주는 분위기를 만든 후에 본론으로 들어가는 편이 좋다. • 대부분 주 5일제 근무로 토요일 미팅은 되도록 삼가하고, 최소 1주일 전 사전 미팅 예약이 필요하다. • 아침미팅을 선호하며, 점심시간 동안 낮잠 시간이 존재한다. • 져져이툰(Giờ dây thun)은 '고무줄 같은 시간'이라는 말로 약속시간이 잘 지켜지지 않는 경우가 많다. • 직설적으로 '노(No)'라고 말하는 것을 예의에 어긋난다고 생각한다. • 미팅 중에 중요한 사항은 문서화하고 서명을 남기는 것이 좋다.
인사 에티켓	• 시간에 구분없이 가벼운 목례를 하며 '신짜오(Xin Chào! : 안녕하세요!)' 한다. • 베트남어의 경어법은 상대적으로 복잡해서 주의를 요한다. • 지위, 연령에 따라 존칭이 수십 가지인데, 주로 4~5개가 쓰인다.
선물 매너	• 소득에 비해 고가의 명품 핸드백, 스마트 폰 등을 가지고 다닌다. • 한국산 홍삼, 고급 기초화장품 등의 선물을 긍정적으로 생각한다. • 비지니스 선물은 가급적 고급스러운 고가 브랜드가 도움이 된다.
식사 에티켓	• 한국처럼 음식과 함께 술을 마시는 반주 문화에 익숙하다. • 상대방이 술을 마실 때마다 잔을 채워주는 것이 예의다. • 과일이나 달콤한 음식이 나오면 식사의 막바지란 뜻이다. • 식사가 끝나면 초대해준 관계자와 악수와 감사의 표시를 해야 한다. • 초대한 사람이 식사나 과일 등 음식을 덜어주거나 술을 따라준다. • 호치민과 같은 대도시는 양식, 일식, 한식이 비즈니스 식사로 좋다.
금기사항	• 권하는 차나 음식을 거부하는 행동은 무례한 행동이다. • 대화 시 허리에 손을 얹거나 팔짱을 끼거나 손가락질은 절제한다. • 언성을 높이거나 손동작은 베트남 사람들에게 불편함을 줄 수 있다.

Chapter 3

심리의 이해

10주–내부고객의 심리

11주–외부고객의 심리

Chapter 3 심리의 이해

10th week

내부고객의 심리

학습 목표

- 내부고객의 정의 및 특성을 설명할 수 있다.
- 직장상사의 특성을 말하고 심리 이해하는 방법을 설명할 수 있다.
- 동료의 성격 특성을 말하고 심리 이해하는 방법을 설명할 수 있다.
- 부하직원의 성격 특성을 말하고 심리 이해하는 방법을 설명할 수 있다.

명 언

새로운 사람을 내사람으로 만들기 보다, 내주변에 있는 사람들을 더 내사람으로 만들어야겠다는 생각이 들었어요.

by 박나래, 코미디언, 1985-

1. 내부고객의 이해

1. 내부고객의 정의

내부고객은 일정한 환경 내에서 비교적 지속적으로 존재하는 집합체로서 공동의 목표와 이익을 추구하는 조직이다. 피부관리실에서는 체계적으로 구성된 단위로 내부적 조직을 구분할 때 주로 상사와 동료, 그 밖에 부하직원을 대상으로 한다.

2. 내부고객의 특성

① 조직구조의 관리과정과 공동목표, 상호작용의 요소를 가진다.

② 사회적 · 교육적 생활환경의 개선에 기여하며 특유의 구조적인 문화와 환경을 형성한다.

③ 사회화, 동기, 직업 스트레스, 리더십, 집단 수행, 조직 개발 등의 요소들이 작용하여 형성된다.

④ 조직을 통한 제 자원 획득과 지배하는 역할을 한다.

⑤ 각 개인에게 경력(career)을 쌓을 수 있는 기회를 제공한다.

⑥ 리더십의 유형에 따라 집단의 행동과 조직 수준의 역량에 영향을 받는다.

⑦ 구성원들의 행동에 따라 조직의 변화와 그 과정에 영향을 미친다.

⑧ 집단의 기능, 수혜자, 복종관계, 조직 구성원의 참여도 등이 필요하다.

2. 내부고객의 심리이해

1. 내부고객의 심리 종류

직장내의 심리 종류는 크게 구성원들의 직무만족, 작업동기, 의사결정, 직장동료 간의 갈등, 조직 구성원간의 의사소통, 직장생활적응, 갈등 등과 같이 여러 종류가 있고, 또한 인력의 질을 높이기 위한 효율적인 인사선발, 인사고과, 교육훈련과 내부조직의 효율을 증진시키기 위한 개발, 작업환경의 개선방안 등에 따른 사항도 포함된다.

2. 내부고객의 심리 기초 이해

사람의 성격과 특성(trait)은 모두 다르다. 그러나 분명한 것은 타고난 특성을 구분할 수 있는 성격유형이 있다는 것이다. 내가 하는 업무가 무엇인지에 따라서 함께하는 이들의 성격과 특성이 모두 다르기에 필요한 자료와 정보를 유형화할 수 있다. 상대에 대한 정보를 분석하면 빨리 이해할 수 있는 값진 정보가 될 수 있다. 업무를 하면서 발생하는 수많은 대인관계 정보를 잘 조직화해 놓으면 활용할 수 있는 자료가 된다. 예를 들어 우리가 속한 조직의 직원들 성격에 따라 선호하는 인사방법, 대화경향, 색상, 취향 등을 잘 정리하면 원만한 의사소통의 정보가 된다.

3. 상급자와 동료에 대한 심리 이해

1. 특성과 성격에 따른 심리 이해

상급자나 동료와 원활한 의사소통을 하기 위하여 별자리나 혈액형으로 성격을 분류하는 것은 경험상의 통계이지 과학적이라고는 말할 수 없다. 이러한 관계에서 일반적으로 심리이해를 외향과 내향적 성격 특성과 행동의 관계를 기반으로 이해하려 한다면 원활한 직장생활을 할 수 있는 좋은 정보의 조합이 될 것이다. 일반적으로 개인의 태도가 객체를 주체보다 중요시하면 외향적 태도를 취한다고 말할 수 있고, 반대로 객체보다도 주체를 중요시하면 내향적 태도를 취한다고 할 수 있다.

[예시]
피부관리실에서 새로운 에센스를 구매하기 위해 직원들 모두 검색을 하고 있었다.
A관리사 : C 브랜드 인지도도 좋고 고객 사용 후기도 좋아요. 이 제품이 제일 좋을 것 같아요. 이 제품으로 하시죠?
B관리사 : 아무리 브랜드 인지도와 사용 후기가 좋아도 저희가 사용해 보아야 적합한 제품인지 판단할 수 있는 것 아닐까요?

위의 예시에서 브랜드 인지도와 다른 사람의 후기를 객관적으로 좋다는 평가를 내린 A관리사는 외향적인 성향을 가진 사람이고, 잘 알려진 제품이라 해도 자신이 사용해 보고 맞지 않는다면 좋은 것이 아니라는 결정을 한 B관리사는 내향적인 성향을 가진 사람이다. 외향적인 사람은 자기 외부에 주의를 집중하고, 내향적인 사람은 자기 내부에 주의를 집중하기 때문이다.

2. 직장구성원으로서의 심리 이해

외향적인 성격의 상사와 동료의 성격은 넓은 대인관계를 유지하면서 상당히 사교적, 정열적, 활동적이다. 의사표현에서도 자기외부에 집중하고 적극적, 활동적으로 감정을 말로 표현하고 경험한 다음에 이해하는 성향이다. 따라서 성격도 쉽게 파악할 수 있다. 반면 내향적인 경우에는 깊이 있는 대인관계를 유지하며 조용하고 신중히 업무를 숙지한 후에 실천한다. 감정표현도 자신의 내부에 집중하고 집중력이 높고, 조용하고 신중하며 글로써 표현하려 하기에 이해한 뒤에 경험하는 성향이다. 성격을 쉽게 파악하려면 시간이 오래 걸린다.

직장에서도 충분히 대화 및 업무 지침 등으로 소통하지만 최근에는 카카오톡으로 실시간으로 메시지를 전송하기도 하고, 이메일을 통해서 개인적인 의견을 주고받기도 하며 전화통화도 빼놓을 수 없다. 사적인 개인의 행동이 조직의 변화와 과정에 영향을 줄 수 있으므로 업무의 성격과 상대방에 따라서 같은 내용이라도 표현 방식을 달리해야 한다.

피부관리실에서도 최근에는 내 · 외부와의 의사소통이라고 할 수 있는 페이스북, 트위터 등의 소셜 네트워크 서비스(Social Network Service, SNS)가 업무에도 적극적으로 사용되고 있다. 예를 들어 카카오톡 플러스 친구를 통해서 상당수의 업무지시가 있거나 소식을 알리고 있고, 관리실의 홍보를 하는 등 다양한 도구로 쓰이고 있기에 이러한 다양한 경로를 통해 소통의 방법도 특정되어야 한다. 이러한 경로를 통할 때 조직 구성원으로서 상사와 동료의 성격특성에 따른 행동을 정확하게 파악하고 이해할 수 있다.

4. 부하직원의 심리 이해

1. 특성과 성격적인 심리 이해

부하직원과 빨리 친밀해지기 위하여 조직구성원의 행동 양식과 성격에 대한 정보를 바탕으로 심리를 이해하려 한다면 원활한 소통의 예시가 될 수 있다. 상사와 동료에 대한 심리이해를 한 것과 동일하게 부하직원에게도 외향적 내향적인 성격 분류나 성격적 특성과 행동의 관계를 이해하여 활용한다면 직장생활을 할 수 있는 좋은 정보의 조합이 될 것이다.

외향성과 내향성에 따라 심리적으로 외부로 향하는지 내부로 향하는지를 나타내는 지표이기에 칼 융(Carl Gustav Jung)은 외향성과 내향성이 상호보완적인 태도임을 강조했다. 외향성의 사람들은 주로 외부세계를 지향하고 인식과 판단에 있어서도 외부의 사람이나 사물에 초점을 맞춘다. 또한 바깥에 나가 활동을 해야 활력을 얻는다. 이들은 행동 지향적이고, 때로는 충동적으로 사람들을 만나며 솔직하고 사교성이 많고 대화를 즐긴다.

내향성의 사람들은 내적 세계를 지향하므로 바깥 세계보다는 자기 내부의 개념(concept)이나 생각 또는 이념(idea)에 더 관심을 둔다. 관념적 사고를 좋아하고, 자기 내면세계에서 일어나는 것에 의해 동기를 얻으며 주로 생각을 하는 활동을 좋아한다.

2. 부하직원과 리더의 심리

부하직원들과 리더는 서로 상호작용을 하며 교환관계를 형성한다. 댄서로우(Dansereau, Graen, & Haga, 1975) 등의 〈리더–부하 교환 이론〉(leader-member exchange theory)에 의하면 리더와 부하가 서로 영향을 주는데 서로 다른 수준의 교환관계를 맺고 있기 때문에 조직 내에서 위치와 역할이 다르다고 하였다.

서로 높은 수준의 교류관계를 가질 때, 리더는 더 많은 지지와 도움을 주며, 구성원으로 행동을 하고, 더욱 개방적인 의사소통을 하며, 위협이나 요구를 통한 영향력을 행사하지 않는다.

리더가 부하와 좋은 관계를 유지하면 역할의 명료성이 커지고, 부하의 만족도가 더 높아지며, 역할수행은 더욱 나아진다. 왜냐하면 상사와 우호적인 관계를 맺고 있는 리더는 부하직원들과도 우호적인 관계를 맺고 있을 가능성이 높다. 부하직원을 위한 혜택과 자원을 더 많이 확보하고, 부하직원의 요구를 더 잘 들어줄 수 있어서 수행을 촉진할 수 있기 때문이다.

피부관리실에서도 직원들의 능력, 역량, 업무에 대한 책임을 지려는 직원들의 동기 수준에 따라 신뢰 정도가 달라지고, 결과적으로 부하직원들을 서로 다르게 대우하는 경우가 생긴다. 동기를 가져서 신뢰하는 집단을 구성할 때 핵심적인 업무를 능력이상으로 수행하고 전체적인 성공에 중요한 영향을 미치게 된다.

또한 상사와 더 좋은 관계를 맺고 있는 리더는 전문기술이 있고, 외부 정보를 더 많이 제공해주고, 더 많은 자율성과 참여를 제공하며, 더 많은 지원을 한다. 이러한 역량으로 부하직원들의 심리를 이해하고 소통한다면 업무의 효율성이 늘게 된다.

[예시]

업무적 목표를 세울 때 상사는 부하직원의 성향에 맞추어 제안한다면 업무의 효율성을 높일 수 있다.

결과를 중요시하는 부하직원에게는 관리 만족도 100%를 목표로 세워 달성하도록 흥미를 유발하는 것이 좋다.

상사 : 관리사님, 이번 달에 ㅇㅇ관리를 한 뒤, 만족도 조사를 해서 100% 만족을 이끌어 내기 위해 ㅇㅇ관리 연습을 일주일에 2회 시행하려 합니다. 우리 함께 도전해 보는 거예요!

과정을 중요시하는 부하직원에게는 목표를 주고 달성하게 하기 위해서는 관리를 할 때의 중요성을 더 알려주는 방법이 좋다.

상사 : 관리사님, 이번 달에는 고객님께 새로 배운 ㅇㅇ관리를 중점적으로 하게 될 텐데, 관리사님께서 ㅇㅇ관리를 할 때에 손의 ㅇㅇ부분에 힘을 주고 집중하여 동작을 하시면 고객들이 더욱 만족하실 거예요. 우리는 관리를 할 때 고객에게 효과를 드리는 것이 제일 중요하니까 동작을 할 때 마음을 담아 집중해서 관리를 해 주시기 바랍니다.

Active Running

교과목	CS 피부미용 고객관리	담당교수	
날 짜	20 년 월 일	이 름	
10주차 활동주제	피부관리실의 A관리사는 일처리를 할 때 상황을 이해하기 위해 혼자 생각하는 경우가 많고, 다른 사람에게 묻는 것을 잘 못하는 편이다. 그래서 정시에 퇴근하지 못하고 남아서 잔업을 하는 경우가 많다. 잔업을 하면서 '왜 나에게만 이렇게 일을 많이 주지?', 'B관리사는 왜 잔업없이 일찍 퇴근하는 거지?', 'B관리사는 커피 마시면서 수다 떠는 시간도 많은 것 같은데?'라며 투덜댄다. 반면 B관리사는 일처리를 할 때, 어떻게 하면 효율적으로 할 수 있을지를 먼저 생각하고 움직인다. 자신에게 어려운 일이 주어져도 '이 일을 해내고 나면 나의 능력이 향상되는 거야.'라고 긍정적으로 생각하며 일을 한다. 혼자서 정보를 얻기 어려운 것은 주변 사람들에게도 정보를 물어 빠르게 일을 처리한다.		

활동과제	1. 본 사례에서 A관리사와 B관리사의 성격 특성을 파악해 보고 업무능력과는 어떠한 관련이 있을지 생각해 보자. ① 성격 특성 파악하기 • A관리사 : • B관리사 : ② 업무능력과 어떠한 관련이 있을까? • • ③ 느낀점과 한계점을 작성해 보고 토의해 보자. • 느낀점 : • 한계점 :
활동방법	1. 몇 명씩 그룹을 편성하여 토론을 통하여 사례를 수집한다. 2. 각 사례들이 주는 중요한 메시지에 대하여 의견 나눔을 한다. (본 사례에서는 피부관리실과 허용된 조직 문화가 전제가 되었음을 알 수 있다. 그렇지 않은 경우에는 어떻게 해야 할지를 친구들과 논의해 보자.)
Feedback	

Active Running

교과목	CS 피부미용 고객관리	담당교수	
날 짜	20 년 월 일	이 름	
10주차 활동주제	C관리사는 항상 '적당히 하자.'라는 마인드로 일을 한다. 누가 시키기 전에 먼저 나서서 일을 한 적이 없다. 항상 일찍 퇴근하고 싶다는 말을 하고 다니며, 퇴근 후에는 친구들과 술자리를 갖는 것을 좋아하여 매일 술을 마시고 다음 날 힘들어하며 출근해서 업무시간에는 대충 시간을 보내며 꾀를 부리기 일쑤였다. 이런 생활이 반복되다 보니 점점 시키는 일만 하게 하는 일에 싫증을 느낀다. 반면 D관리사는 피부관리실에서의 업무를 스스로 찾아서 하고 '매 순간 최선을 다하자.'라는 마인드로 일을 한다. 귀한 시간을 직장에서 보내는데 허투루 보낼 수 없다고 생각하기 때문이다. 바닥에 쓰레기가 있으면 누가 치워달라는 말하지 않아도 주워 주변을 깨끗하게 한다. 그리고 고객을 관리할 때에는 고객의 입장에서 생각하고, 관리 후 고객 만족 설문지를 꼭 확인하고 자신의 부족한 부분을 개선하려고 노력한다. D관리사는 피부관리실에서 일하는 시간이 항상 보람된다고 생각한다.		

활동과제	1. 본 사례에서 C관리사와 D관리사의 성격 특성을 파악해 보고 업무능력과는 어떠한 관련이 있을지 생각해 보자. ① 사례(조별 주제) • C관리사 : • D관리사 : ② 업무능력과 어떠한 관련이 있을까? • • ③ 느낀점과 한계점을 작성해 보고 토의해 보자. • 느낀점 : • 한계점 :

<table>
<tr><td>활동과제</td><td>2. 상사의 입장에서 두 사람의 업무 효율성을 높이기 위해 성격유형을 활용할 수 있는 방법을 적고 토의해 보자.

3. 동료의 입장에서 두 사람의 성격유형을 규정한 뒤 업무을 위해 어떤 점을 개선하고 유지해야 하는지 작성하고 토의해 보자.</td></tr>
<tr><td>활동방법</td><td>1. 몇 명씩 그룹을 편성하여 토론을 통하여 사례를 수집한다.
2. 각 사례들이 주는 중요한 메시지에 대하여 의견 나눔을 한다.
(본 사례에서는 피부관리실과 허용된 조직 문화가 전제가 되었음을 알 수 있다. 그렇지 않은 경우에는 어떻게 해야 할지를 친구들과 논의해 보자.)</td></tr>
<tr><td>Feedback</td><td></td></tr>
</table>

핵심문제 풀이 *Active Running*

1. 다음 ( ) 안에 해당하는 단어를 적으시오.

① ( )은 일정한 환경 내에서 비교적 지속적으로 존재하는 집합체로서 ( )을 추구하는 조직이다.

② 내부고객은 규범적 질서를 비롯하여 ( ), 수직적, 수평적 상호작용을 하는 ( )를 가진다.

2. 다음 문제가 옳으면 ○, 틀리면 ×표 하시오.

① 내부고객의 구성요소에서는 조직구조의 관리과정과 공동목표가 필요하지만 상호작용의 요소는 필요하지 않다. ( )

② 직장내의 심리 종류는 크게 구성원들의 직무만족, 작업동기, 의사결정, 직장동료간의 갈등, 조직 구성원간의 의사소통, 직장생활적응, 갈등 등으로 분류할 수 있다. ( )

③ 상사의 자유방임적인 운영에 따라 업무를 하다보니까 구성원 모두 목소리를 높이는 일이 많아졌다. 자유로운 조직의 분위기로 상당히 업무가 빨라졌고, 업무 성공률도 높아졌다. ( )

④ 동료 관리사 중에서 고집이 센 친구가 있어 일을 하면서 갈등이 있지만 '바뀌겠지'하면서 상급자에게 보고를 절대 하지 않고 뒤에서 흉만 본다. ( )

3. 다음 빈칸을 채우시오.

① 댄서로우 (Dansereau, Graen, & Haga, 1975) 등의 〈리더-부하 교환 이론〉(leader-member exchange theory)에 의하면 리더와 부하가 서로 영향을 주는데 서로 다른 수준의 ________를 맺고 있기 때문에 조직 내에서 위치와 역할이 다르다고 하였다. 서로 ________를 가질 때, 리더는 더 많은 지지와 도움을 주고, 시민행동을 하고, 더욱 ________을 하며, 리더에게 ________를 통해 영향력을 행사하지 않는다.

② 칼 융(Carl Gustav Jung)은 외향성과 내향성이 _______인 태도임을 강조했다. _______은 주로 외부세계를 지향하고 인식과 판단에 있어서도 외부의 사람이나 사물에 초점을 맞춘다. 또한 바깥에 나가 활동을 해야 활력을 얻는다. 이들은 _______적이고, 때로는 충동적으로 사람들을 만나며, 솔직하고 사교성이 많고 대화를 즐긴다.

③ _______은 내적 세계를 지향하므로 바깥 세계보다는 자기 내부의 개념(concept)이나 생각 또는 이념(idea)에 더 관심을 둔다. _______를 좋아하고, 자기 내면세계에서 일어나는 것에 의해 에너지를 얻으며 주로 생각을 하는 활동을 좋아한다.

Chapter 3 심리의 이해

11st week

외부고객의 심리

학습 목표

- 외부고객의 개념을 설명할 수 있다.
- 외부고객의 특성을 설명할 수 있다.
- 외부고객의 역할과 특징을 설명할 수 있다.
- 외부고객의 기본심리 종류와 특징을 설명할 수 있다.
- 외부고객의 유형에 대해서 설명할 수 있다.

명 언

He that has no charity deserves no mercy.
남에게 베풀 줄 모르는 사람은 타인이 베풀어주는 배려를 받을 자격이 없다.

by 영국 속담

1. 외부고객의 이해

1. 외부고객의 정의

외부고객은 가치를 구매하여 사용하는 고객으로 제품이나 서비스를 제공받는 주주 협력회사, 일반 대중을 말하며, 기업의 재화를 구매하나 서비스를 이용하는 고객이라 정의할 수 있다.

외부고객은 내부고객에 의해 생성된 서비스의 가치를 최종적으로 이용하거나 구매하는 대상을 의미하며 일반적으로 '고객'을 말한다.

고객은 서비스의 사용자, 영향자로서 제품과 서비스를 구매하는 사람을 말한다.

2. 외부고객의 특성

① 고객은 자기가 안고 있는 문제 해결에만 관심이 있다.
② 고객은 신속하고 정확한 서비스를 좋아한다.
③ 고객은 항상 요구하고 부탁한다.
④ 종업원 100명 중 1명이 실수를 했을지라도, 고객의 입장에서는 100%의 불만스러운 서비스를 받는 것이다.
⑤ 고객은 지불한 금액에 해당하는 서비스를 제공받았는지 저울질한다.
⑥ 고객은 첫인상에 매우 민감하다.
⑦ 고객은 언제나 정당하다.
⑧ 고객은 불평을 들어주면 단골이 된다.
⑨ 고객은 집단이 아니라 개인이며, 매사에 즉흥적이다.
⑩ 고객은 관리된 고객만이 구매를 한다.

3. 외부고객 역할

1) 생산성의 원천

고객 스스로가 상품 서비스 품질에 참여활동을 함으로써 상품의 생산역량을 키워 주는 인적자원으로 흔히 '부분 근로자'라고 한다.

2) 품질 · 가치 · 만족에 기여하는 공헌자

고객을 생산시스템 내로 끌어들임으로써 서비스 기업을 더 잘 이해하고 그들이 원하는 만족을 얻게 하며, 고객들의 역할이 단지 가치를 소비하는 것이 아니라 가치를 창조하는 것임을 고객들에게 이해시키고, 이러한 과정을 통해 만족하게 된다.

3) 경쟁자

고객들은 부분적이거나 전체적인 서비스를 담당하므로 잠재적으로 서비스 기업의 경쟁자가 될 수 있다. 서비스 생산의 원천으로서 역할을 할 수 있는 동시에, 더 나은 서비스의 질과 가치를 얻기 위해 기여할 수도 있다.

4. 외부고객 분류

1) 참여적 관점 고객

① **직접고객** : 상품과 서비스를 직접 구매하는 고객이다.

② **간접고객** : 최종 소비자 또는 2차 소비자다.

③ **단골고객** : 반복구매 차원을 넘어서 자사 제품이나 서비스 중에 활용 가능한 것을 대부분 구매하는 고객이다.

④ **잠재-가능고객** : 자사의 제품이나 서비스를 알고는 있으나 아직 구매행동으로까지 연결되지 않았고 마케팅이나 접촉활동을 전개하면 고객으로 가능하다고 생각되는 고객이다.

⑤ **옹호고객** : 단골 고객으로 다른 고객을 추천할 정도의 충성도를 가지고 있는 고객이다.

⑥ **체리피커** : 기업의 상품이나 서비스를 구매하지 않으면서 자신의 실속을 차리기에만 관심을 두고 있는 고객이다.

⑦ **블랙컨슈머** : 특정 기업의 상품과 서비스를 이용하면서 본 기업의 잘못이 아닌 부분을 인위적으로 조작하여 보상을 요구하거나 과장된 불만으로 적정수준 이상의 보상을 통해 혜택과 이익을 보려는 고객이다.

2) 관계 진화적 고객

① **잠재고객** : 우리의 고객은 아니지만 우리의 제품과 서비스를 구매할 수 있는 잠재적 가치가 있는 고객이며, 제품의 품질수준 결정과 가격이 고려된다.

② **최초고객** : 한번 구매를 한 최초구매자이며 일반적으로 기업의 고객기반 중에서 유지율이 가장 낮지만, 제품의 가치가 인정되면 계속 유지된다.

③ **가망고객** : 기업의 상품 또는 서비스에 대해 인지하고 있고 관심을 보이며 신규고객이 될 가능성이 있다.

④ **핵심고객** : 고객이 정기적 · 반복적 구매와 강한 유대관계 형성으로 구전효과를 내주며, 제품을 좀처럼 재평가하지 않고 잘 이탈하지 않는다.

⑤ **이탈고객** : 새로운 경쟁 제품이나 서비스, 제대로 해결되지 않은 고객서비스 문제 등 여러 요인으로 전환하는 고객이다.

2. 외부고객의 심리

1. 외부고객의 기본심리

소비자를 고객화하기 위해서는 소비자의 행동을 이해하고, 소비자 심리를 파악해야 한다.

1) 존중기대심리

고객은 자신이 중요한 사람으로 인식되고 기억해 주기를 바라는 기대심리가 있으며, 고객의 감정을 존중하고 있다는 것을 표현해 주어야 하고, 고객과의 대화응대에 적절하게 사용해야 한다.

2) 독점 심리

모든 서비스에 대하여 독점하고 싶은 심리를 가지고 있으므로 모든 고객에게 공평하게 서비스를 제공하여 고객의 불만을 야기시키기 말아야 한다.

3) 우월한 심리

고객은 서비스를 제공하는 직원보다 우월하다는 심리를 가지고 있으므로 서비스를 제공하는 담당자는 고객을 인정하고 자신을 낮추는 자세가 필요하다.

4) 자기중심적 심리

고객은 고객 각자의 기준을 가지고 항상 자신의 생각을 위주로 판단하고 평가하는 심리를 가지고 있으므로 고객의 입장에 서서 생각하고 응대해야 한다.

5) 보상기대 심리

고객은 비용을 들인 만큼 서비스를 기대하며, 다른 고객과 비교해 손해를 보고 싶지 않은 심리를 갖고 있으므로, 특정고객에게 서비스를 제공하였을 경우 주변 고객에게 더욱 신경을 써야 한다.

6) 모방 심리

고객은 다른 고객을 닮고 싶은 심리를 가지고 있는데, 이러한 심리를 모방심리라고 하며, 고객의 조건과 다른 고객의 조건을 비교하여 설명하고 고객이 결정할 수 있도록 정보를 제공해야 한다.

7) 자기본위 심리

고객은 각자 자신의 가치기준을 가지고 항상 자기 위주로 모든 상황을 판단하는 심리를 말하며, 고객중심으로 모든 서비스들이 전개되고 있다는 느낌을 주어야 한다.

2. 외부고객 요구의 변화

1) 고객의식의 고급화

소비자 선택의 폭이 확산되고 인적서비스의 질을 중요하게 생각하며 자신의 가치에 합당한 서비스를 요구한다.

2) 고객의식의 다양화

고객은 인구 통계적 성별, 나이, 지역 등에 따라 니즈가 다양해지고, 생활방식의 산업화, 도시화, 정보화에 따라 고객의 니즈에 대응하기 어려워져서 고객의 변화에 맞추도록 노력해야 한다.

3) 고객의 지식화

인터넷을 포함한 다양한 멀티미디어 채널의 등장으로 정보 및 지식 이외의 수많은 정보를 통해 타사 제품과 서비스 등을 탐색할 수 있다.

3. 외부고객의 구매심리 프로세스

1) 관심

고객이 피부관리실 안으로 들어온다든가 아니면 진열된 상품을 지나가다가 바라보는 경우가 구매심리 과정 중 관심을 갖는 1단계이다.

2) 흥미

피부관리실의 상품, 서비스 등 고객의 흥미가 여러 형태로 나타나는 것이 2단계이다.

3) 연상 및 욕망

피부관리에 대한 기대효과 및 의문점 등을 생각하며, 구매로 이끌어가는 중요한 단계가 3단계이다.

4) 비교, 검토

이 상품보다 좀 더 좋은 것은 없는지 주위를 둘러보고 또 다른 점포에서 팔고 있는 상품과 주위 사람들에게 상품을 비교하며, 상품의 기능 등 정보를 검토하는 것이 4단계이다.

5) 신뢰

비교 · 검토가 끝나고 이것이 자기에게 가장 맞는 상품인지를 선택할 때가 신뢰 관계가 형성되는 5단계이다.

6) 행동

고객이 상품의 구매를 결정하여 지불하는 것이 6단계이다.

7) 만족

상품과 서비스가 만족을 주는 단계이며, 재구매가 형성되는 시기이다.

4. 외부고객의 유형별 이해

1. 고객 유형

1) 연령별 고객 유형 및 응대방법

(1) 청년층 고객 유형 특징

특징 이해	• 개성이 강하며, 사물을 매우 감상적으로 보거나 해석하려 한다. • 생각이 단순하여 깊은 사려가 없다. • 매우 이상적이며 현실적이다. • 기성관념이나 기성세대에 대하여 회의적이며 거부적이다.
고객 응대방법	• 유형화 또는 일반화하여 응대하기 어려우므로 개인적인 성격을 살피면서 응대한다. • 부당한 취급을 받으면 다혈질로 변화므로 주의해야 하며, 조목조목 잘 따진다. • 사고가 빨라 긴 문장이나 설교조의 응대는 삼가고 단문식의 응대가 바람직하다. • 명확한 잘못 또는 실수 및 부주의로 인해 고객불만이 발생하였을 경우 설득이나 회피보다는 신속하게 사과한다.

(2) 중 · 장년층 고객 유형 특징

특징 이해	• 20~30대 초반 여성고객의 경우 사용하는 단어나 표현을 꼬투리 잡는 경우가 많다. • 사회에 진출하여 경제력이나 논리력, 주관이 확실하다. • 사회경험이 있어 현실적이다. • 다양한 지식으로 중무장하고 클레임을 통해 보상을 받아내는 성향이 강하다. • 스트레스를 많이 받는 연령층이며, 명확한 근거에 의한 제시를 해야 한다. • 정보공유능력이 뛰어나다. • 자신의 건강에 대하여 매우 관심이 높다.
고객 응대방법	• 경청을 통해 요구사항이 무엇인지를 정확히 파악해야 한다. • 추상적인 말보다는 직접적이고 가시적인 내용을 제시하는 것이 바람직하다. • 참여의식이 투철한 연령대여서 공정한 서비스와 응대가 이루어질 수 있도록 해야 한다. • 공감과 함께 명확한 근거에 의한 칭찬이나 인정을 동반하면서 응대한다.

(3) 노년층 고객 유형 특징

특징 이해	• 급격한 변화를 좋아하지 않는다. • 우유부단한 편이다. • 인내심이 강해 감정 노출을 억제한다. • 자율성이 강해 지나친 간섭을 싫어한다. • 비교적 소유욕이나 애착심이 강해 욕구를 충족시키려는 경향이 있다.
고객 응대방법	• 노년층의 경우 나이가 많아 이해도가 떨어지므로 천천히 이해하기 쉽게 응대한다. • 응대 시 많은 인내가 필요하며, 재차 질문을 해도 짜증내지 않고 응대한다. • 노인취급을 하거나 소홀하게 응대하면 민원으로 이어질 확률이 높다. • 감성적인 표현이나 태도를 병행하는 것이 좋다. • 전문용어를 사용하기보다는 쉬운 용어 및 표현과 함께 천천히 응대해야 한다.

2) 고객 유형별 응대방법

(1) 깐깐하고 날카로운 고객

특징 이해	• 자존심이 강하고, 보상보다는 잘못된 사항에 대한 시정요구가 많고, 과묵하고 예의가 밝다. • 말투나 행동이 권위적이다.
고객 응대방법	• 고객의 말이 정당할 경우 즉시 사과한다. • 공격을 받았을 때 일단 경청한다. • 정중한 말이나 태도로 응대한다.

(2) 수다스러운 고객

특징 이해	• 욕구불만으로 남에게 동조를 얻고 싶어한다. • 말을 많이 하면서 말을 도중에 끊어 버리게 되면 감정이 잘 상한다.
고객 응대방법	• 가능한 따뜻하게 수용한다. • 화제가 상품에 관련된 사항과는 다른 쪽으로 흐르지 않도록 수위를 조절해 가며 대응할 수 있는 유연성으로 응대한다.

(3) 과도한 요구를 하는 고객

특징 이해	• 제품이나 서비스에 대한 가격 및 추가혜택을 요구하며, 원칙에 어긋나거나 터무니 없는 요구를 한다.
고객 응대방법	• 회사 사항을 이해시키면서 이야기 하되 규정 등을 강조하지 말고, 고객의 입장을 충분히 이해하고 있음을 알려주며 설득한다.

(4) 쉽게 흥분하는 고객

특징 이해	• 욕과 함께 목소리를 크게 하면 일이 더 빨리 해결되는 줄 아는 고객이며, 타인의 제안을 받아들이지 않는다.
고객 응대방법	• 부드러운 분위기를 유지하며 정성스럽게 응대하되 웃음이 섞이지 않도록 유의한다. • 상담자 본인의 목소리를 작게 낮추고 말을 천천히 이어간다. • 고객이 흥분상태를 인정하고 직접적으로 진정할 것을 요청하기보다는 우회화법을 활용한다.

(5) 동일한 말을 계속적으로 반복하는 고객

특징 이해	• 주의력이 산만하고 사고력이 결여된 사람이며, 심한 콤플렉스의 소유자일 확률이 높다. • 불평불만이 많고 정신집중이 잘 안되며, 직업의 말에도 귀를 기울이지 않는다.
고객 응대방법	• 핵심파악을 하고, 문제해결을 위하여 지속적으로 일관된 응대를 해야한다. • 스스로 결정할 때까지 인내심을 가지고 기다리면서 응대한다.

(6) 격렬한 어조로 말하고 안하무인인 고객

특징 이해	• 사교적이지 못한 고객으로 독단적·비판적이며, 자신의 생각만이 옳고 다른 사람들의 말을 잘 들으려 하지 않으며 일방적인 주장만 되풀이 한다.
고객 응대방법	• 여유를 가지고 들어주는 것이 좋다. • 경청을 하고, 응대 도중 고객 방해 시 양보하는 등 편안한 분위기를 유도한다.

(7) 빈정거리거나 무조건 반대하는 고객

특징 이해	• 열등감, 허영심이 강한 사람이며, 직원에게 빈정거리거나 말을 끝까지 듣지 않는다. • 콤플렉스나 자존심이 강하다.
고객 응대방법	• 질문으로 대응하되 자존심을 건드리지 않는다. • 역질문으로 고객의 의도를 파악하는 것이 중요한다. • 온화한 표정으로 농담을 되받아 주게 되면 오히려 매출로 이어지게 될 가능성이 높아진다.

(8) 마음을 열지 않은 고객

특징 이해	• 모르는 사람을 경계하고, 콤플렉스 소유자이다.
고객 응대방법	• 진지하게 마음의 문을 열고 상담한다. • 경청하는 응대를 한다.

(9) 낙천적이며 과묵형 고객

특징 이해	• 판단력, 실행력이 뛰어나고 적극적인 성격의 소유자이며, 조금 불만스러운 것이 있어도 내색을 하지 않는다.
고객 응대방법	• 감정 설득화법으로 응대한다. • 일을 정확하게 처리하며, 정중하고 예의 바르게 응대한다.

(10) 전문가처럼 보이고 싶어하는 고객

특징 이해	• 자신의 충분한 지식을 과시하고 직원을 가르치려고 하는 태도를 보인다.
고객응대 방법	• 감정 설득화법으로 응대한다. • 일을 정확하게 처리하며, 정중하고 예의바르게 응대한다. • 이야기를 잘 들어주고 고객을 끄덕이며 수긍조의 말이나 태도를 보여주며 응대한다.

(11) 과장되게 말을 하는 고객

특징 이해	• 자신의 주장으로 합리화하기 위해 있지도 않은 일을 있다고 우기는 고객이며, 콤플렉스를 감추고 싶은 소유자이다.
고객 응대방법	• 응대 도중 고객의 이력 확인이 반드시 필요하며, 객관적인 자료로 응대해야 한다.

(12) 곧바로 타협하려는 고객

특징 이해	• 충분한 경계가 필요한 고객이며, 다른 고객을 응대하는 사이에 끼어든다. • 자아의식이 강하고 상대방에 대한 배려가 없는 고객이다.
고객 응대방법	• 이야기는 진행시키되 상대방의 상태를 예의 주시하면서 응대한다. • 언짢은 내색을 보이거나 원리원칙만 내세우지 않는다.

(13) 이치를 따지기 좋아하는 고객

특징 이해	완고하면서 남다른 성격의 소유자이다.
고객 응대방법	이론적으로 맞서지 말고 상대의 의견을 존중하며 응대한다.

(14) 내성적인 고객

특징 이해	• 자신의 취향이나 궁금증 등에 대해서 거의 의사표시를 하지 않는 고객이다.
고객 응대방법	• 신뢰감 있게 대화를 유도하며, 자세한 설명이나 질문을 함으로써 고객과의 심리적인 거리감을 좁히도록 응대한다.

Active Running

교과목	CS 피부미용 고객관리	담당교수	
날 짜	20 년 월 일	이 름	
11주차 활동주제	고객유형에 따른 내용을 보고 각자 조별 사례 시뮬레이션을 통한 방안을 제시한다.		

활동과제	1. 고객 유형별 응대방법을 제시한다. ① 사례(조별 주제) • 예) 까다로운 고객선정 • • ② 시뮬레이션 방법 • 예) 까다로운 고객응대 상황극 해보기 • • ③ 느낀점과 한계점 • • •
활동방법	1. 몇 명씩 모둠을 편성하고 토론을 통하여 사례를 수집한다. 2. 각 사례들이 주는 중요한 메시지(개인 및 기업)에 대하여 발표한다.
Feedback	

핵심문제 풀이 *Active Running*

1. 다음 (   ) 안에 알맞은 낱말을 적으시오.

① (   )는 가치를 구매하여 사용하는 고객이며 제품이나 서비스를 제공받는다.

② 외부고객의 역할을 (   ) 말한다.

2. 다음 문제가 옳으면 ○, 틀리면 ×표 하시오.

① 외부고객은 자사의 최종 제품을 구매한 고객을 말한다.(   )

② 잠재고객은 한번 구매를 한 최초 구매자이며, 제품의 가치가 유지되면 계속 구매하는 고객이다.(   )

3. 다음 외부고객의 심리종류에서 내용을 읽고 빈칸을 채우시오.

① ________은 자신이 중요한 사람으로 인식되고 기억해 주기를 바라는 기대심리가 있으며, 고객의 감정을 존중하고 있다는 것을 표현해 주어야 하는 심리이다.

② ________은 다른 고객을 닮고 싶은 심리를 말하며, 고객의 조건과 다른 고객의 조건을 비교하여 설명하고 고객이 결정할 수 있도록 정보를 제공한다.

4. 외부고객의 구매심리 프로세스 단계별 내용을 기술하시오.

5. 다음 고객 유형별 및 응대방법을 1가지 이상 기술하시오.

고객유형	고객응대방법
① 쉽게 흥분하는 고객	
② 전문가처럼 보이고 싶어 하는 고객	
③ 과도한 요구를 하는 고객	
④ 빈정거리거나 무조건 반대하는 고객	

Chapter 4

커뮤니케이션

12주-커뮤니케이션의 개요 및 목적
13주-내부 고객을 위한 커뮤니케이션
14주-외부고객을 위한 커뮤니케이션
15주-기말평가

Chapter 4 커뮤니케이션

12nd week

커뮤니케이션의 개요 및 목적

학습 목표

- 커뮤니케이션(communication)의 개요와 활용방법에 대한 지식을 익힐 수 있다.
- 커뮤니케이션의 정의와 언어적·비언어적 커뮤니케이션에 대한 중요성을 이해할 수 있다.
- 효과적인 커뮤니케이션으로 소통과 경청에 대해 이해하고 활용방법을 학습할 수 있다.
- 감성 커뮤니케이션에 대해 이해하고 커뮤니케이션 스킬을 활용할 수 있다.

명 언

말을 많이 한다는 것과 잘 한다는 것은 별개이다.

by 소포클레스(Sophocles), 작가, BC 496−BC 406

앞에서 할 수 없는 말은 '뒤'에서도 하지 마라.
뒷말이 가장 나쁘다.

by 유재석, MC. 1972−

1. 커뮤니케이션의 정의

커뮤니케이션(communication)은 인간 상호간에 보편타당한 이해 또는 동의를 얻기 위한 유일한 수단으로 개인이나 집단이 서로 간에 정보, 사상, 의견 등을 전달하고 전달받는 모든 과정을 포함한다. 즉, 인간과 인간 사이에 언어나 비언어를 통해 상호간 공감이 성립되면서 소통이 이루어지는 것으로 개인은 물론이고 사회생활에 필요한 대인관계능력이나 원활한 의사소통능력을 커뮤니케이션 능력이라 할 수 있다.

서비스 커뮤니케이션은 일방통행이 아닌 쌍방향으로 상대방의 욕구를 정확하게 파악하여 기대에 부응한 대답을 하는 서비스 영역에서 상호작용과 의사소통 관계를 총칭한다.

1. 커뮤니케이션의 개념

① 한 사람 혹은 그 이상의 인간 상호 간에 서로의 의사소통을 주고받는 과정이다.

② 어원은 라틴어의 '나누다'를 의미하는 communicare로 "신(神)이 자신의 덕을 인간에게 나누어 준다"는 의미로 공동체에서는 의미 있는 전달을 커뮤니케이션이라 한다.

③ 개개인의 서로 다른 선호도, 이해의 정도, 사고방식, 교육 등의 배경을 통해 어떤 특정한 사항에 대해 유사한 의미와 이해를 만들어 나가는 과정이다.

④ 공통적으로 이해할 수 있는 의미와 이해를 만들어내기 위한 수단인 언어 또는 비언어적인 수단을 통해 상호 노력하는 과정이다.

⑤ 커뮤니케이션은 인간이 사회적 존재로 살아가는 가장 기초가 되는 도구이며, 인간이 지닌 모든 생각과 전반적인 생활에 영향을 미치는 등 인간관계를 영위하는 근본 요소이다.

⑥ 커뮤니케이션을 통해 개인이 지닌 여러 가지 욕구(애정, 소속, 통제 등)를 실현할 수 있으며 직원의 커뮤니케이션 역량이 비즈니스의 성공과 만족에 결정적인 영향을 미친다.

2. 커뮤니케이션의 기능

① 조직에서 구성원의 행동을 조정, 통제한다.

② 자신이 해야하는 행동을 명확하게 해줌으로써 동기 부여를 강화한다.

③ 개인의 의사와 감정 및 사회적 욕구 충족 표현을 위한 기회를 제공한다.

④ 중대한 의사결정에 필요한 정보를 제공한다.

3. 커뮤니케이션 과정 및 기본요소

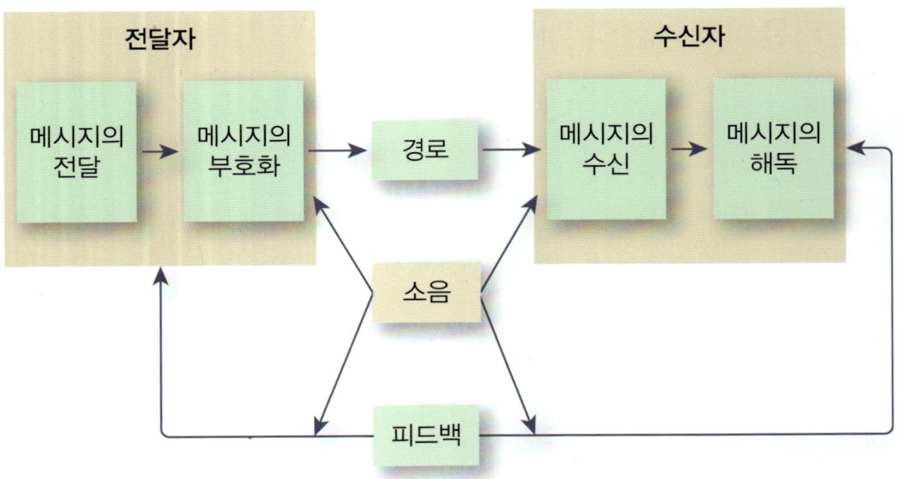

그림 4-1 커뮤니케이션 과정

1) 커뮤니케이션의 기본요소(S-M-C-R-E-F)

① 발신자(Sender/Source) : 메시지를 주는 사람을 말한다.

② 메시지(Message) : 상대에게 전달하고자 하는 메시지를 언어, 문자, 몸짓, 기호 등의 말과 행동으로 바꾼 것이다.

③ 채널(Channel) : 메시지 전달의 연결 통로나 매체를 말한다.(TV, 라디오, 인터넷, 목소리)

④ 수신자(Receiver) : 메시지를 받는 사람이다.

⑤ 효과(Effect) : 커뮤니케이션의 결과이다.

⑥ 피드백(Feedback) : 수용자의 반응으로 효과적인 피드백은 커뮤니케이션의 활력소이며, 커뮤니케이션의 과정을 계속 반복, 순환하게 하는 요소이다.

2) 커뮤니케이션의 구성요소

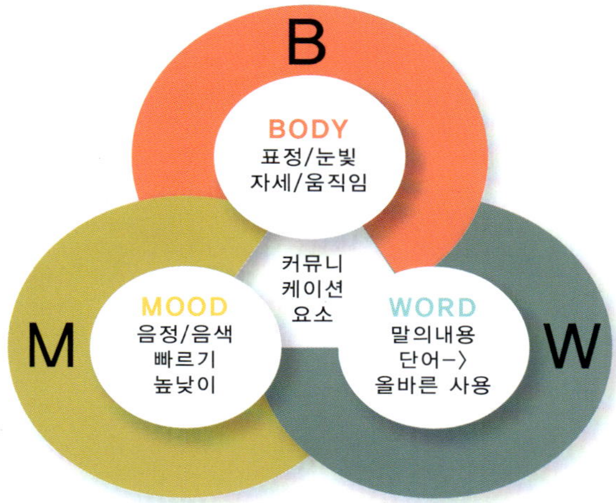

그림 4-2 커뮤니케이션의 구성요소

① Body (58%) : 태도, 몸짓언어
표정(눈의 위치, 얼굴의 긴장 혹은 이완)
자세(앞으로 구부린, 옆으로 기댄)
움직임(정적인, 율동적인, 흔드는, 토닥이는)
고개 끄덕임(nodding)

② Mood (38%) : 음성, 분위기
음정 및 음색(안정된, 흥분된)
말의 속도 및 리듬
호흡(규칙적, 불규칙적)
맞장구(아~~예.)

③ Word (7%) : 언어(상대방과 나누는 말의 내용)

2. 커뮤니케이션 유형

1. 언어적 커뮤니케이션

듣기, 말하기, 읽기, 쓰기 등이 결합된 형태의 의사소통을 말한다.

① 언어는 커뮤니케이션의 주요 요소이다.

② 언어를 통한 의사전달과 의미의 이해 및 표현이다.

③ 수신자가 정확히 받아들일 수 있도록 쉽고도 분명한 어휘를 사용한다.

④ 긍정적이며 동조 및 환영의 의미를 전달하는 언어를 사용한다.

⑤ 서비스 마케팅에 있어 신뢰와 고객만족 형성에 중요한 역할을 한다.

⑥ 질문이나 재진술의 과정에서 요점을 명확하게 하며 관계를 형성한다.

⑦ 직접 대면이나 영상, 전화 등의 전달 방법을 사용한다.

2. 비언어적 커뮤니케이션

몸짓, 자세, 시선 처리, 제스처 등의 신체언어를 통한 의사소통을 말한다.

① 언어를 제외한 자극으로 몸짓이나 시각 또는 공간을 상징으로 하여 의사를 표현하는 커뮤니케이션 방법이다.

② 언어없이 이루어지는 생각이나 감정소통의 상태를 말한다.

③ 커뮤니케이션의 93%가 비언어적 채널로 구성되어 의미 전달에 많은 영향을 미친다.

④ 언어와 더불어 여러 기능을 수행한다.

⑤ 정보가 전달되는 상황과 해석에 대한 중요한 단서를 제공한다.

⑥ 무의식적으로 드러나는 경우가 많으므로 신뢰성이 높고 감정적, 정서적인 정보를 전달한다.

1) 신체언어

신체언어란 얼굴표정(인상), 눈의 접촉(대인관계의 질), 고개 끄덕이기(경청), 몸의 움직임(표현), 자세(상태), 제스처, 시선(eye-contact)을 뜻한다.

그림 4-3 다양한 얼굴표정

2) 다양한 표정 연출을 위한 얼굴근육 운동

(1) 눈 운동

- 눈을 위 · 아래 · 왼쪽 · 오른쪽 방향으로 움직이는 운동을 5번 실시한 후, 오른쪽 방향으로 한 바퀴, 왼쪽 방향으로 한 바퀴 움직인다.

(2) 코 운동

• 좋지 못한 냄새를 맡았을 때를 상상하여 코와 미간 사이에 주름을 만들어 5초 유지 후 풀기를 3번 반복한다.

(3) 입, 볼 운동

• 입술을 다문 채 양 볼에 공기를 머금고 15초 유지한다.
• 바람을 왼쪽 볼로 옮기고 오른쪽 볼은 바람을 뺀 채 15초 유지한다.
• 바람을 왼쪽 볼 → 인중 → 오른쪽 볼 → 턱 순서로 옮겨 각각 15초씩 유지한다.

(4) 눈썹 운동

- 눈썹을 위로 올려 5초 유지한 후 긴장을 푸는 동작을 3번 반복한다.
- 먼저 눈썹을 위로 올린 상태에서 눈도 동그랗게 떠야 눈꺼풀의 근육이 자극되어 눈매가 부드러워진다.

(5) 입 운동

- 입술을 앞으로 쭉 내밀었다가 다시 미소 라인으로 움직이는 동작을 5회 반복한다.

(6) 턱 운동

- 입 전체를 '아' 하고 벌린 상태에서 오른쪽, 왼쪽으로 턱을 번갈아 움직인다.

Active Running

교과목	CS 피부미용 고객관리	담당교수	
날 짜	20 년 월 일	이 름	
12주차 활동주제	효과적인 커뮤니케이션을 위하여 다양한 얼굴표정 연출을 위한 활용방법을 실천하고 그 영향력에 대해 공유한다.		

활동과제	1. 자신의 여러 가지 얼굴표정을 촬영하여 공유하고 그 중요성에 대하여 발표한다. ① 사례(다양한 표정연출) • • • ② 얼굴표정의 중요성 • • • 2. 얼굴 부위별(눈썹, 눈, 입, 볼, 턱, 코 등) 표정 근육훈련을 통하여 스마일 파워에 대한 영향력에 대하여 발표한다. ① 사례(얼굴 표정 훈련) • • • ② 스마일 파워 영향력 • • •
활동방법	1. 몇 명씩 모둠을 편성하여 토론하며 다양한 얼굴표정 사례를 수집한다. 2. 각 사례들이 주는 중요한 메시지(개인 및 기업)에 대하여 발표한다.
Feedback	

3) 의사 언어

공식적 언어가 아닌 인간이 발생시키는 갖가지 소리를 의미한다.

4) 구두표현의 부수적 요소

① 말투(신뢰), 음고(능력과 사회성)
② 음조의 변화(메시지 판단), 음량의 정도
③ 말의 속도(감정과 태도), 발음(의사전달)

5) 신체적 외양

신체적 매력, 복장(신뢰감), 헤어스타일을 말한다.

6) 공간적 커뮤니케이션

육체적 공간 거리를 어떻게 유지하고 어떤 의미를 부여하는가 하는 것으로 상대에 대한 친밀감, 신뢰도, 관심, 흥미, 태도 반영

- 친밀한 거리(0 ~ 45cm), 개인적 거리(45cm ~ 1.2m)
- 사회적 거리(1.2m ~ 3.7m), 대중적 거리(3.7m ~ 초과)

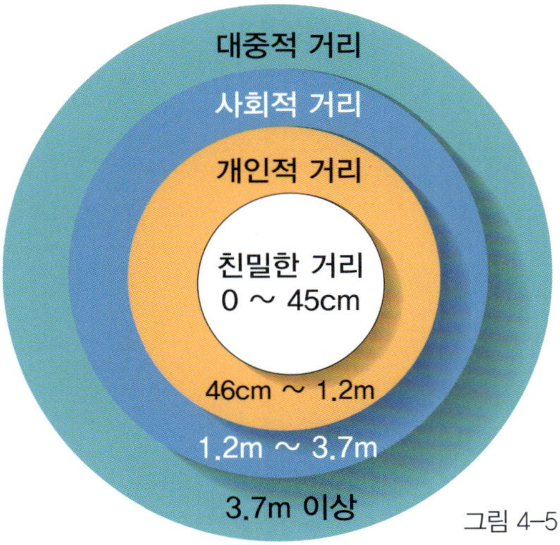

그림 4-5 공간적 커뮤니케이션

Active Running

교과목	CS 피부미용 고객관리	담당교수	
날 짜	20 년 월 일	이 름	
12주차 활동주제	효과적인 커뮤니케이션을 위하여 서비스 공간에서의 역할 연습과 그 영향력에 대해 공유한다.		

활동과제	1. 서비스 공간에서의 역할 연습 ① 상황 • 두 사람이 한 공간에서 사선으로 마주보고 선다. • 한 사람은 고객, 한 사람은 서비스맨으로 가정한다. • 어떤 주제에 관해 자연스럽게 대화하면서 서비스맨 역할의 사람은 천천히 고객 역할을 한 사람에게 움직이면, 고객 역할의 사람은 공간의 간격에 따라 느껴지는 감정에 대해 생각해 본다. ② 어느 정도 거리에서 가장 편안하게 느껴지는가? • • • ③ 역할을 바꿔 고객과 서비스맨 사이로 마주 서서 응대해 보자. • • •
활동방법	1. 몇 명씩 모둠을 편성하여 토론하며 다양한 얼굴표정 사례를 수집한다. 2. 각 사례들이 주는 중요한 메시지(개인 및 기업)에 대하여 발표한다.
Feedback	

3. 효과적인 커뮤니케이션

1. 경청

① 효과적인 고객 커뮤니케이션의 중요한 기법이다.
② 상대방이 전달하고자 하는 의미와 동기를 이해한다.
③ 이해된 바를 상대방에게 돌려주는 것이다.

1) 경청을 위한 다섯가지 행동원칙

① 말하기 절제
② 공감대 준비
③ 상대방 인정
④ 겸손한 이해
⑤ 온몸으로 응답

2) 효과적인 경청 방법

① 상대방의 입장을 이해하며 듣는 습관을 말한다.
② 대화 시 상대방의 생각이나 주장을 듣고 난 후 자신의 생각을 말한다.
③ 대화중에 상대방의 말을 섣불리 지레짐작하거나 주관적으로 판단하여 중도에 끊거나 가로채지 않는다.
④ 상대방이 말하는 속도에 사고력과 이해를 맞추려 노력한다.
⑤ 이해하지 못한 전문용어나 개념은 반드시 질문한다.
⑥ 상대방의 표정, 제스처, 태도, 행동 등 비언적인 요소의 의미를 파악하려 노력한다.

3) 경청 기법

① **적극적 경청** : 감각, 태도, 신념, 감정, 직관 전체를 열어놓고 듣는다.

② **공감적 경청** BMW

- Body(자세) : 표정, 눈빛, 자세, 움직임
- Mood(분위기) : 말투, 음정, 말의 빠르기, 높낮이
- Word(말의 내용) : 상대 존중 및 상대의 원하는 것을 집중

③ **경청** 1,2,3, **기법**

- 자신은 한번 말하고, 상대의 말을 두번 들어주며, 대화 중에 세 번 맞장구 친다.

④ **질문 기법**

- 상대방의 말 중 이해가 되지 않거나 오해 혹은 왜곡될 가능성이 있는 부분에 대한 질문을 한다.

⑤ **경청** FAMILY **법칙**

- Friendly : 친절하게 경청
- Attention : 집중하며 경청
- Me, too : 공감하며 경청
- Interest : 관심 갖고 경청
- Look : 바라보며 경청
- You are centered : 상대를 중심으로 경청

그림 4-4 적극적인 맞장구

2. 소통(Communication)

1) 좋은 청중이 되기

① **듣는 것부터 배우기** : 듣는 것은 상대방의 말소리를 듣는 것(hearing)이 아닌 내용을 듣고 이해하는 것(listening)을 말한다.

② **고객의 마음 읽기** : 상대방이 자유롭게 말하도록 하고 이를 경청하는 자세, 진지한 태도로 상대의 눈을 응시하며, 맞장구를 치며 열심히 듣는다.

③ **마음으로 듣기** : 효과적으로 듣는 것은 상대의 욕구를 파악하기 위해 사용하는 중요한 수단으로 긍정적인 공감이 우선시 되어야 한다.

④ **잘 듣는 요령** : 주의 기울이기, 인정하기, 요약하기, 메모하기 등을 염두에 두고 상대가 말할 때는 나의 말을 멈추고 여유있게 듣는다.

주관적인 의견이나 판단을 피해 선입견 없이 열린 마음으로 듣고, 주의 집중하고 경청을 방해하는 잡음 요인을 피하며 감정이입을 위한 칭찬과 맞장구를 함께 한다.

2) 화법

(1) 쿠션 화법

상대방의 불쾌감을 줄이고 적극 처리하겠다는 감정과 의사를 전달하는 완충적인 표현을 사용하는 화법이다.

실례합니다만~, 죄송합니다만~, 공교롭게도~
번거로우시겠지만~, 괜찮으시다면~, 양해해 주신다면~

(2) 신뢰 화법

어미의 선택에 따라 상대방에게 줄 수 있는 신뢰감의 정도가 약간씩 달라질 수 있는 화법이다.

정중한 화법 70% : ~~입니다, ~~입니까? (다까체)
부드러운 화법 30% : ~~예요, ~~죠? (요죠체)

(3) 의뢰형 화법

명령조보다는 부탁을 하는 표현방법이다.

~~좀 해주시겠습니까?
~~좀 부탁해도 될까요?

(4) 맞장구 화법

상대방의 호감을 살 수 있는 화법이다.

상대방이 하는 이야기를 관심 있게 듣고 반응한다.

가벼운 맞장구 : "저런", "그렇군요.", "그렇습니까?"
동의 맞장구 : "정말 그렇겠군요.", "과연", "정말 그렇겠군요", "예, 그렇습니까?"
정리 맞장구 : "그 말씀은 ~~라는 것이지요?"
재촉 맞장구 : "그래서 어떻게 되었습니까?"
몸짓 맞장구 : 고개를 끄덕 끄덕, 갸우뚱, 눈맞춤

(5) 긍정 화법

긍정적인 부분을 강조한다.

×	○
기다리게 해서 죄송합니다.	기다려 주셔서 감사합니다.

(6) 나-전달법(I-Message) 화법

대화의 주체가 '너'가 아닌 '내'가 되어 전달하고자 하는 표현법으로 상대방이 기분 나쁘지 않게 나의 의사를 충분히 전달할 수 있다.

상황(상대방 행동) → 결과(나에게 미친 영향) → 느낌(나의 느낌)

넌 왜 그렇게 하니? → 네가 그렇게 하니까 내 마음이 너무 아파
너는 왜 매일 늦게 오니? → 네가 지각하면 내가 걱정이 돼

(7) 레어드(Laird) 화법

상대방이 정중한 응대를 받도록 상대의 의견을 물어보는 화법을 말한다.

×	○
여기에 앉으세요.	이쪽자리 괜찮으십니까?
그럼 교환하세요.	고객님, 그렇다면 교환을 해드리는 것은 어떨까요?
잠시만요.	잠시만 기다려주시겠습니까?
메모 남겨드리겠습니다.	메모 남겨드리면 어떨까요?
핸드폰 번호 불러주세요.	핸드폰 번호 확인 부탁드려도 될까요?
여기 빈 칸 채우시면 됩니다.	여기 빈 칸을 채워 주시겠습니까?
내일까지 해드릴께요.	내일까지 처리해드려도 괜찮을까요?

(8) 아론슨(Aronson) 화법

어떤 대화를 나눌 때 부정과 긍정의 내용을 혼합해야 하는 경우 부정적 내용을 먼저 말하고 마지막에 긍정적 의미로 마감하는 화법이다.

- 가격은 좀 비싸지만, 관리는 최고입니다.
- 우리 도서가 비싸긴 하지만 내용이 많고 경쟁사 대비 무료 동영상을 볼 수 있는 장점이 있습니다.
- 비싸지만, 효과는 가장 좋은 시술입니다.

3) 대화를 활기있게 하는 맞장구 유형

① 일반적인 반응 : 네, 그러시군요!
네, 잘 알겠습니다.

② 동의할 때 : 그렇지요, 그렇고 말고요.
예, 저도 그렇게 생각합니다.
전적으로 동감입니다, 말씀하신 대로입니다.

③ 놀람을 나타낼 때 : 설마! 그런가요?(그렇군요)

④ 의문을 나타낼 때 : 왜 그럴까요?

⑤ 다음 말을 끌어낼 때 : 그래서, 그리고, 그런데,
그렇게 말씀하시면…

4) 효과적으로 말하기

① 호감을 주는 화술 : 상대의 감정을 존중하고 배려하면서도 본인의 의사를 정확하게 전달하는 방법이다.

'말씨는 마음씨다.'
'말씨는 다듬어 만드는 예술품이다.'
'말은 마음을 담아내는 그릇이다.'
'말씨는 그 사람의 인격과 교양의 표현이다.'

×	○
○○님 들어오세요.	○○님 들어오시겠습니까?
커피 좋아하세요?	어떤 차를 좋아하세요?
이렇게 하면 안돼요!	그렇게 하는 것보다 이렇게 하면 어떨까요?

② 이미지메이킹의 핵심은 커뮤니케이션 능력 : 개인이나 기업의 이미지메이킹의 경쟁력은 곧 커뮤니케이션 능력과 직결된다.

4. 커뮤니케이션 스킬

1. 감성 커뮤니케이션

1) 감성 지능의 개념

① 자신의 진정한 기분을 파악하고 이를 진심으로 존중하고 받아들일 수 있는 능력을 말한다.

② 충동적인 행동이나 분노와 불안의 감정을 제어하는 능력이다.

③ 목표 추구에 실패해도 좌절하지 않고 타인의 감정에 공감하고 집단 내에서 조화를 유지하는 능력이다.

2) 감성 지능의 4가지 하위 차원 : 지각, 이해, 조절, 활용

① 제 1차원 : 자기 감정 인식

가장 기본적이고 기초적인 감성 반응으로 스스로에 대한 이해와 인식을 바탕으로 자신의 정서를 바르게 표현할 수 있는 능력(감성 지능의 시작이 되는 능력)을 말한다.

② 제 2차원 : 타인 감정 인식

다른 사람들의 감정과 정서를 이해하고 추론할 수 있는 능력으로 이 시점부터 원활한 대인관계가 시작된다.

③ 제 3차원 : 자기 감정 조절

여러 가지 상황에서 자신이나 상대의 감정을 이해하고 조절하는 능력을 말한다.

④ 제 4차원 : 자기 감정 활용

정서에 대한 정보를 적극적으로 활용하여 상황발생의 우선순위를 정하거나 판단하고 기억하며, 다양한 관점을 통하여 문제해결을 하게 된다.

3) 감성지능의 구성요소

① 자기인식, 자각

- 다른 사람들에 대한 자신의 영향뿐만 아니라 기분, 감성을 인지하고 이해하는 능력을 말한다.
- 자신감이나 현실적인 자기 평가, 자신의 중요성을 최소화하는 유머감각이 해당된다.

② 자기 규율

- 파괴적인 충동 및 기분을 통제하는 능력을 말한다.
- 행동하기 전에 생각하기 위하여 판단을 보류하는 능력이다.
- 특징은 신뢰성, 성실성, 변화에 대한 개방성이다.

③ 동기부여

- 돈이나 지위를 초월한 이유로 일을 하는 열정이다.
- 특징은 에너지, 인내, 목표추구, 성취욕구, 낙관주의, 조직에 대한 헌신이다.

④ 감정이입, 공감

- 다른 사람들의 감성적 기질을 이해하고 그들의 감성적 반응에 따라 대우하는 스킬이다.
- 감정적인 단서의 포착, 타인에 대한 빠른 이해, 고객에 대한 서비스다.

⑤ 사회적 스킬

- 대인관계를 관리하고 타인과의 공통점을 발견하며, 능숙하게 친근한 관계와 네트워크를 구축하는 능력이다.
- 변화선도, 설득력, 팀 구축능력, 친화력 등이 해당된다.

2. 커뮤니케이션 스킬

1) 대화의 기술

① 부드럽고 상냥하며 정확한 발음으로 자신있고 명확하게 말한다.

② 간단명료하며 알아듣기 쉽게 말한다.

③ 먼저 자신을 소개하고 자신의 언어를 표현한다.

④ 부드럽고 편리한 쿠션 언어, 플러스 화법을 사용한다.

⑤ 효과적인 포즈(pause)와 침묵을 사용한다.

⑥ 부정어는 긍정어로, 부정문은 긍정문으로 고쳐서 사용한다.

⑦ 명령문은 의뢰형이나 청유형으로 고쳐서 사용한다.

⑧ 밝고 적극적이며 경어와 호칭을 올바르게 사용한다.

⑨ 상호신뢰(rapport, 라포) 형성을 통해 메시지를 전달한다.

⑩ 초면에 사적인 이야기를 하지 않는다.

⑪ 고객의 의견을 선별해서 동의하고 대화를 종결시키는 어구를 사용하지 않는다.

⑫ 단 한마디라도 주의 깊게 긴장을 풀고 대화한다.

⑬ 적절한 유머와 칭찬 및 긍정적인 공감을 활용한다.

⑭ 보디랭귀지를 효과적으로 사용한다.

×	○
또 늦었네요. 왜 늦었어요?	다음에 늦으시게 되면 미리 알려 주시겠습니까?
미안합니다. 손님에게 맞는 사이즈로는 파랑색이 없네요.	저희는 손님에게 맞는 사이즈로 분홍색, 녹색, 자주색 등 다양하게 준비되어 있습니다.
그건 안되는데요!	죄송합니다만, 말씀하신 것은 곤란합니다. 다른 방안이 있는지 곧 알아보겠습니다.
지금 안 계십니다.	지금은 안 계십니다만, ○○시 이후에는 들어오실 예정입니다.
그건 제가 잘 모르거든요.	○○건은 ○○부서에서 담당하고 있습니다. 제가 담당자를 안내해 드리겠습니다.

[레스토랑 직원이]

×	○
주문하신 요리, 지금 준비 중이니까 기다려 주세요.	주문하신 요리, 지금 준비 중입니다. 기다려 주시기 바랍니다.

[연예인 인터뷰 중에]

×	○
열심히 할 테니까 지켜봐 주세요.	열심히 하겠습니다. 지켜봐 주시기 바랍니다.

2) 상호신뢰(라포) 형성

① 개별성을 존중한다.

② 자기결정권 문제에 대한 관심을 갖는다.

③ 신뢰 분위기를 조성한다.

④ 수용의 태도를 갖는다.

⑤ 공감적인 이해를 한다.

⑥ 진실성과 믿음을 갖는다.

⑦ 정보에 대한 비밀보장 판단 능력이 있다.

3) 대화를 풍요롭게 하는 화제 찾기

① 자신이 체험한 것은 무엇보다도 큰 설득력이 있으므로 '무엇이든 해 봐야지' 하는 적극적인 정신으로 생활의 범위를 넓히도록 한다.

② 자신의 감성 안테나를 언제나 펼쳐 놓고 작은 일상사에도 마음을 감동시키는 이야기나 지혜가 들어 있으므로 놓치지 않는다.

③ 매스미디어는 화제의 보고이므로 신문이나 책을 늘 가까이 한다.

4) 주의해야 하는 고개 끄덕이기

① 일반적으로 고개를 끄덕이는 것은 동의의 표현으로 상대방이 나의 말을 듣고 이해하고 있는지의 여부를 알 수 있다.

② 막연히 고개만 끄덕이는 경우 오히려 건방져 보일 수도 있다.
고객의 이야기를 들으며 가끔씩 "네, 그렇군요." 같은 말로 응대해야 고객은 자신의 이야기에 응답하고 있다고 생각하게 되는 것이다.

③ 서비스과정 중 발생한 문제를 해결하는 경우 고객이 오해하지 않도록 고개의 끄덕임 하나에도 주의해야 한다.

5) 대화의 원칙

위치	• 45도, 80cm~1m 정도의 간격이나 거리에서 상대방을 향하여 선다. • 너무 가까운 거리에서 소곤거리는 것은 삼가한다.
자세	• 등과 가슴을 자연스럽게 편 상태에서 어깨의 힘을 빼고 턱은 당긴다. • 양다리와 팔꿈치는 자연스럽게 모으고 중심은 양다리에 둔다. • 양손은 가지런히 모은다.
시선	• 대화의 포인트, 또는 상대의 동의를 구하고 싶을 때는 상대의 눈에 시선을 둔다. • 여러 명일 때는 각각의 상대에게 시선을 균등하게 둔다. • 대화가 길어지거나 노약자나 어린이와의 대화 시에는 고객이 편안한 마음으로 대화에 임할 수 있도록 가능한 한 상체를 낮추어 고객과 눈높이를 맞춘다.
표정	• 온화하게 미소 지으며, 밝은 표정을 짓는다.

핵심문제 풀이 *Active Running*

1. 다음 (　　) 안에 알맞은 낱말을 적으시오.

① (　　　　)인간 상호간에 보편타당한 이해 내지 동의를 얻기 위한 유일한 수단이며 서로 간에 정보, 사상, 의견 등을 전달하고 전달받는 모든 과정을 포함한다.

② (　　　　)은 효과적인 커뮤니케이션의 중요한 기법이며, 상대방이 전달하고자 하는 의미와 동기를 이해하는 것이다.

③ 상대방의 불쾌감을 줄이고 적극 처리하겠다는 감정과 의사를 전달하는 완충적인 표현을 사용하는 것은 (　　　　)화법이다.

2. 다음 문제가 옳으면 ○, 틀리면 ×표 하시오.

① 상대에게 전달하고자 하는 메시지를 언어, 문자, 몸짓, 기호 등의 말과 행동으로 바꾼 것을 메시지라 한다.(　　)

② 경청의 기법인 B,M,W는 Body(자세), Mood(분위기), Word(말의 내용)으로 공감적 경청의 방법이다.(　　)

③ 몸짓, 자세, 시선 처리, 제스처 등의 신체언어를 통한 의사소통이 언어적 커뮤니케이션이다.(　　)

3. 다음 빈 칸을 채우시오.

① 커뮤니케이션은 ________를 통해 자신의 의미를 전달하고 표현하며 타인의 의사를 수신한다.

② 커뮤니케이션 과정의 기본요소는 발신자, 메시지, ________, 수신자, 효과, 피드백이다.

③ 상대방의 호감을 살 수 있는 화법으로 상대방이 하는 이야기를 관심 있게 듣고 반응 하는 것이 ________화법이다.

④ 감성 커뮤니케이션에서 ________은 자신의 진정한 기분을 파악, 이를 진심으로 존중하고 받아들이며 충동적인 행동 자제, 분노나 불안의 감정 제어 능력이다.

Chapter 4 커뮤니케이션

13rd week

내부 고객을 위한 커뮤니케이션

학습 목표

- 하향식 커뮤니케이션과 상향식 커뮤니케이션을 설명할 수 있다.
- 효율적 커뮤니케이션을 위한 조직 구조의 변화와 수평적 커뮤니케이션에 대해 설명할 수 있다.
- 인터널 마케팅에 대해 설명할 수 있다.
- 성공적인 사내 커뮤니케이션의 효과를 설명할 수 있다.

명 언

내부고객에 대한 서비스가 불량하면서 외부고객을 만족시킨 회사가 있다는 것은 상상할 수 없다. 고객욕구를 충족시키는 절차는 내부에서 시작된다.

by 톰 피터스(Tom Peters), 컨설턴트, 1942~

1. 공식 관계에 따른 커뮤니케이션 종류

커뮤니케이션이란 사람들이나 집단들이 메시지를 통해 서로 의미 있는 정보를 교환하는 것을 말한다. 커뮤니케이션은 전달자와 수신자의 공식 관계에 따라 공식적 · 비공식적 커뮤니케이션으로 구분한다. 수직적 조직문화는 서열, 질서 등을 바탕으로 한 하향식 커뮤니케이션과 상향식 커뮤니케이션을 특징으로 한다.

1. 하향식 커뮤니케이션

① 하향식 커뮤니케이션은 상급자에게서 하급자에게 명령, 작업 지시, 정책과 절차 등이 전달되는 방식을 뜻한다.

② 새로운 프로젝트에 대해 관리자가 하급자에게 메모를 전달하거나 새로운 전략에 대한 구두 지시 등이 해당된다.

③ 커뮤니케이션 네트워크 집중도는 비교적 높아 의사결정 속도가 빠르고, 리더가 커뮤니케이션의 구조의 중심에 위치할 가능성이 높다.

2. 상향식 커뮤니케이션

① 하급자가 상급자에게 고충 처리, 제안, 보고, 불평 등의 의사를 전달하는 것이다.

② 지위적 차이 때문에 하향식보다 어려워 비교적 낮은 비율로 이루어진다.

③ 의사 결정에 하급자가 참여할 수 있는 기회를 제공하여 직원의 요구와 의견을 조직에 전달할 수 있게 한다.

> [예시]
> 미국의 RLI(RLI Insurance)사는 의견을 제안한 모든 직원에게 채택 여부와 관계없이 2달러를 지급하고, 제안된 의견이 채택되었을 경우 50달러에서 100달러 범위에서 포상을 하였더니 질 높은 제안이 증가하였다고 한다.

3. 수평적 커뮤니케이션

① 수평적 조직문화는 평등성을 바탕으로 수평적 교류를 하는 문화적 특성을 가지며, 공동체적 목표를 강조하고 상호작용 및 교류를 중시하며, 공유의식이 생긴다.

② 기업 규모가 커지고 복잡해지며 부서 간 협력이 중요해짐에 따라 공식적, 또

는 비공식적인 커뮤니케이션이 생겨났다.

③ 핵심적인 역할이 특정인에게 집중되지 않는 분산형 네트워크가 형성되어 유지된다.

1) 조직 구조의 변화

① 경영진의 계층이 많을 때 커뮤니케이션은 느리며, 각각의 명령 체계에 속한 사람들의 의견을 반영하기 때문에 메시지가 왜곡되기도 한다.

② 마케팅, 경영, 연구, 회계, 생산 등 각 부문의 전문가가 모여서 계층 조직을 없앤 팀을 구성할 경우 커뮤니케이션은 직접적이고 효율적이며 시간을 절약할 수 있다.

> [예시]
> 제록스(Xerox) 사에서는 고객의 관심을 끄는 신제품 복사기를 개발하기 위하여 엔지니어와 마케팅 전문가가 협력해서 일한다. 기존의 네 개의 부서제를 폐지하고, 고객의 요구에 중점을 둔 아홉 개의 상품별 팀제를 신설하여 고객이 원하는 상품을 생산하는 데 성공했다.

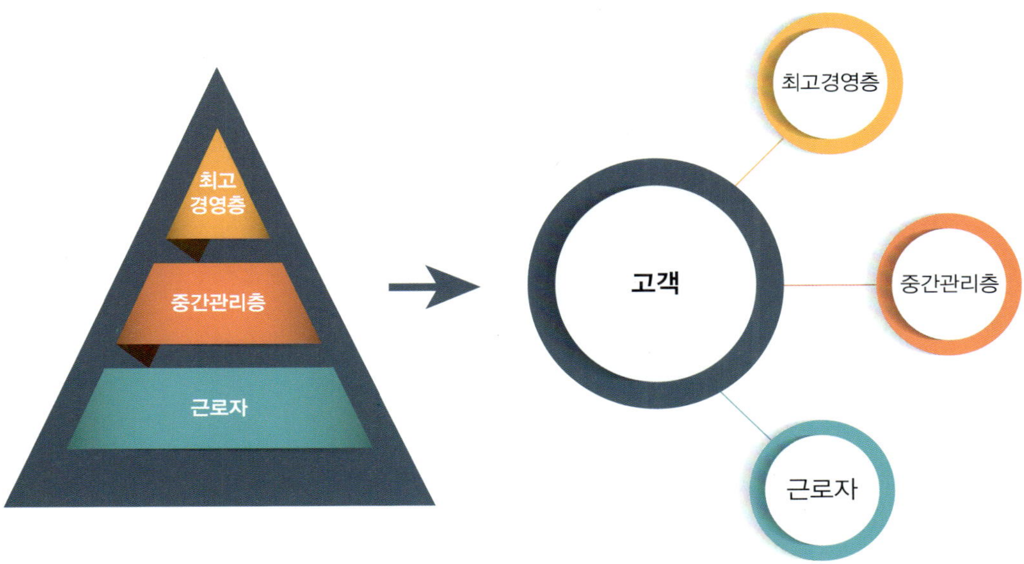

그림 4-1 조직 구조 개선

2. 내부직원 만족 마케팅(Internal Marketing)

내부직원 만족 활동은 서비스 전달과정에서 고객과 직접 접촉하는 직원을 대상으로, 이들에게 서비스 마인드를 갖추고 고객지향적인 행동을 하도록 동기를 부여하는 것을 말한다. 기업의 입장에서는 무엇보다도 서비스를 직접 생산하고 제공하는 직원을 만족시키는 것이 중요하다.

1. 사내 커뮤니케이션

① **효율적인 사내 커뮤니케이션** : 기업 경영에 있어 주요 경쟁력 중 하나로 사내 커뮤니케이션을 통해 직원들에게 기업의 문화와 경영 이념, 그리고 비즈니스 목적을 전달하는 것이 기업의 생산성 향상 및 성과 달성에 큰 도움이 된다.

② **효과적인 정보제공** : 효과적인 사내 커뮤니케이션은 '커뮤니케이션 채널'에 달려 있다. 최근 쌍방향 커뮤니케이션을 위한 소셜미디어에 주목하고 있으며 소셜미디어의 참여와 공유를 통해 더욱 능동적이고 활발한 커뮤니케이션을 이뤄 발전적인 방향을 모색해야 한다.

③ **주인의식 고취** : 세계적 문구 브랜드인 오피스 디포(Office Depot)는 경영 현황 설명은 물론 정책과 제도에 대한 정확한 전달과 즉각적인 피드백을 얻기 위해 타운홀 미팅(town hall meeting, 비공식적 공개회의)을 활용한다. 분기별 1회 전 직원이 참석하는 타운홀 미팅을 개최하여 CEO가 직접 경영 현황을 설명하고 직원의 질문과 피드백을 여과없이 경청하는 시간을 가짐으로써 실행력을 높이고 직원들의 주인의식을 고취한다.

2. 상사와의 관계

① **직무상 문제 이해** : 직무의 내용이 복잡하거나 과다한데서 오는 스트레스나

조직 내 역할이 모호하거나 동료 및 상사와의 갈등에서 오는 직무 스트레스를 서로 이해한다.

> [예시] 상호간의 잠재력 인정
> 2008년 LG경제연구원이 조사한 대한민국 직장의 프랜드십(friendship) 수준은 100점 만점에 52.4점에 불과했다. 조직 내에서 서로의 성공을 진심으로 바라고 도와주는 상사와 동료의 존재는 개인의 행복은 물론 조직의 발전에도 기여한다. '직장 만족', '직무 몰입', '팀 성과 인식', '이직 의향' 등 조직 성과 요인에 큰 영향을 미치는 것으로 나타났다.

3. 갈등관리

① 갈등의 역기능을 최소화하고, 갈등을 예방하거나 감소시키는 활동이다.

② **갈등의 순기능** : 정보의 투입과 대안을 풍부하게 만들고, 의사결정과정에서 당사자들의 참여를 활성화한다.

③ **갈등의 역기능** : 의사결정을 지연시켜 불필요한 비용이 증가하고, 갈등 당사자들을 심리적 불안과 좌절감에 빠뜨린다.

④ **갈등관리 유형** : 경쟁(대립)형, 회피(억압)형, 타협(절충)형, 협력(문제해결)형, 순응(화해)형

4. 권한 위임

> [사례 1] 상호간의 판단 신뢰
> 미국 최대 외식업체 얌 브랜드(Yum! Brands)는 고객 마니아 프로그램을 통해 매장 직원들이 지배인의 허락 없이 고객들의 불만 해소와 문제 해결을 위해 최고 10달러까지 지출할 수 있는 결정권을 부여하여 직원들에게 자부심을 심어주었다.

[사례 2]　임직원 주도 장려

LG전자는 내부구성원 99명을 선발해 'LG 커뮤니케이터'로 지명한 후, LG전자 소셜 미디어 운영에 직접 참여해 내부 스토리, 컨텐츠, 의견 등을 제공하도록 했다. 이 과정을 통해 부서 간 커뮤티케이션이 더욱 활발해지고 부서별 이야기들이 실질적으로 소통되고 있다. 또한 '내부 구성원 커뮤니케이터' 구성을 위한 인사팀, 조직문화팀, 홍보팀, 경영층이 함께 참여해 내부 커뮤니케이션을 강화하는 효과를 가져왔다.

5. 교육 및 훈련

[사례 1]　교육 프로그램 업데이트

2005년 포레스터 리서치(Forrester Research)에 따르면 직원들의 75%가 메일이나 기사와 같은 텍스트보다 온라인을 통한 교육과 커뮤니케이션을 선호하는 것으로 나타났다. 온라인을 이용하면 강의실에 출석하지 않아도 교육이 가능하고 복잡한 내용일지라도 그래프나 그래픽과 같은 시각 자료를 활용하여 손쉽게 설명할 수 있으며 반복 교육이 가능하다.

[사례 2]　변화 수용 교육 프로그램 도입

통합 마케팅 커뮤니케이션 개념은 1990년대 중반, 매체 및 환경의 변화, 그리고 이에 따른 소비자 정보처리 방식의 변화 등에 의해 나타난 경영 전략으로서 소비자뿐만 아니라 내부 직원 등 다양한 관계자와의 관계 관리 차원으로까지 발전했다.

6. 보상 및 승진

① **공정한 보상 시스템** : 고객을 만족시키려면 회사는 직원을 만족시켜야 한다. 이때 현금 보너스, 인정 프로그램, 경품 등의 공정한 보상 시스템은 직원의 동기 유발을 이끌어낼 수 있다.

② **공정한 승진 시스템** : 승진(promotion)은 직원을 이전의 업무보다 많은 도전, 책임, 권위를 지닌 보직으로 옮기는 것을 의미한다. 회사는 공정한 승진 시스템에 대한 정보와 지원을 제공하여 직원이 승진 시스템을 보다 쉽게 이해하도록 한다.

3. 사내 커뮤니케이션 채널

많은 기업들은 인트라넷(intranet) 등의 다양한 커뮤니케이션 채널을 직원과의 커뮤니케이션에 활용하고 있다. 요즘은 기업의 사내 커뮤니케이션 채널이 디지털과 모바일 환경으로 급속히 변화하고 있다.

1. 인쇄 및 영상 매체

① **사보** : 회사에서 발간하는 잡지나 신문으로, 주로 내부 직원들에게 사내 소식을 알리려는 목적으로 이용되며 내방한 사람들이 볼 수 있게 사내에 비치하기도 한다.

② **기업 블로그** : 스마트폰의 출현으로 기존 홈페이지의 역할은 기업의 기초 정보, 쇼핑몰, AS 영역으로 축소되었고 IR(투자자를 대상으로 하는 기업 홍보 활동, Investor Relations)과 고객 소셜 미디어 영역은 블로그가 담당하여 다양한 컨텐츠를 제공하고 있다.

2. 인트라넷 시스템(Intranet system)

① 인트라넷은 기업 내에 속해 있는 사설 네트워크로 업무 능률을 올려주고 직원 간 화합을 도모하는데 도움을 준다.

② 코트라(대한무역투자진흥공사, KOTRA) 인트라넷 이름은 '윙크(Worldwide IntraNet of Kotra)'로 내부 메일을 주고받을 때 서로 '윙크한다'고 한다.

③ 삼성그룹 내부망은 '싱글(Samsung INtegrated Global Information systEm)'로 인트라넷 활동은 '싱글거린다'로 표현된다.

④ SK텔레콤은 T-스토어 등 브랜드 'T'를 강조하는 기업 이미지와 일체화시켜 내부 인트라넷 이름도 'T-넷"으로 하여 통일성을 유지하고, 한화그룹은 프로야구단 한화 이글스와 짝을 맞춰 '이글-오피스'라고 부른다.

3. 대인 매체

① **멘토링 시스템** : 직장 선 · 후배 간에 1:1로 업무 지도와 조언을 통해 멘티가 빠르게 배울 수 있고 회사를 위해 중요한 기술을 잘 습득할 수 있게 해 주며, 팀워크가 발전할 수 있게 해 준다.

② **멘토와 멘티 관계** : 자신과 비슷한 경력과 전문 분야를 가지고 있는 사람들 중에서 자발적으로 형성되어야 바람직하다.

③ **회사** : 대인관계 및 전문적 기술에 근거해 주의깊게 멘토를 선택하며, 그들을 역할에 맞게 훈련시키고, 프로그램이 목적에 부합하는지를 평가해야 한다.

4. 사내 커뮤니케이션 문화 사례

전화는 무형의 회사 이미지 중 하나이자 고객과 소통하는 첫 번째 관문으로 전화를 받는 한 사람 한사람이 모두 회사 대표라는 마음가짐으로 성의껏 응대해야 한다. 특히 목소리, 태도, 응대 요령, 화법 등은 타인을 비롯하여 회사의 신뢰성을 평가받는 기준으로 전화를 걸고 받을 때는 예의를 갖추어 신속, 정확, 친절(전화응대 3원칙)하게 고객의 문제에 공감하면서 전문 상담사의 마음가짐으로 응대하도록 한다.

1. 페덱스(FedEx)

① 사람–서비스–이윤(P-S-P) : 직원(People)을 가장 먼저 생각할 때 서비스(Service)의 질이 높아질 것이며 그래야 결국 회사의 이윤(Profit)이 높아진다는 것이 페덱스의 경영철학이다.

② 내부직원의 복지와 환경을 가장 중요하게 생각한다.

③ CEO와 직원들이 직접 소통하는 'CEO 격려전화'는 직원들의 사기를 증진시킬 수 있는 시스템이다.

2. 스타벅스(Starbucks)

- SKIP LEVEL MEETING : 방문한 매장 근처의 호텔을 빌린 뒤 해당 지점의 매니저를 제외한 모든 직원들을 초대하여 직원들과 미팅을 갖는 것이다. 매니저가 없는 상황에서 직접 서비스를 실행하면서 느낀 점, 개선할 서비스, 요구 사항 등을 함께 토론하는 기회로 CEO는 새로운 아이디어를 얻을 수 있고 직원들은 스스로 낸 아이디어를 실행하며 나의 회사라는 주인의식을 갖고 일에 임하게 된다는 평가를 받고 있다.

3. 힐티(Hilti)

- 힐티는 회사 전체의 사업을 파악하는 '콕피트 차트(Cockpit Chart)'를 다양한 계층의 커뮤니케이션 도구로 활용한다. 비행기 조종석을 뜻하는 콕피트는 '비행에 관한 모든 정보를 한눈에 파악할 수 있는 곳'이라는 뜻을 갖고 있다.

4. 하이네켄(Heineken)

① 직원 채용 시, 지원자의 이력보다 인성, 책임감을 먼저 보기 위하여 다양한 채용과정을 개발하였다.

② 2013년 유튜브를 통해 '후보자'라는 제목의 영상을 발행하였는데 면접관이 졸도하거나 건물옥상에서 자살소동을 벌여서 입사 지원자가 어떻게 대처하는지를 보고 가장 많은 '좋아요'를 받은 사람을 최종적으로 채용하였다.

5. 미국 사우스웨스트 항공(Southwest airlines)

일하는 즐거움을 중시하는 사우스웨스트는 지난 40여 년간 직원 처우를 끊임없이 개선해왔다. 여느 항공사와 다르게 승무원들에게 반바지, 운동화 등 편안한 차림을 허용한다. 행복하고 편안하게 일할 수 있어야 소비자에게 진심어린 서비스가 제공된다는 점을 알기 때문이다. 내부 직원들의 만족이 고객만족으로 이어지는 에피소드를 공유하기도 하여 인버타이징(invertising, 직원들을 대상으로 하는 브랜드 비전과 기업 가치 홍보)의 본보기가 되고 있다.

6. 약손명가

① 약손명가는 '내가 아는 것'을 지식 기부하면서 기부문화를 싹 틔웠다. 대표가 원장에게, 원장이 실장에게, 실장은 주임에게, 주임은 관리사에게 지식과 경험을 100% 기부한다.

② 정기적으로 직원들과 만나고 식사를 함께 하며 각 지점의 장점은 배우고 단점을 고치는 결과를 가져왔다. 각 지점의 원장뿐만 아니라 신입 직원들까지 면담을 신청하면 언제든지 CEO와 대화를 할 수 있는 시스템을 구축하고 있다. 그리하여 개인적으로 부딪히는 다양한 문제점들은 경영진과의 직접적인 소통으로 많은 문제점들이 해결되어 직원들의 장기근속으로 이어지는 긍정적인 결과를 가져왔다.

Active Running

교과목	CS 피부미용 고객관리	담당교수	
날 짜	20 년 월 일	이 름	
13주차 활동주제	사내 커뮤니케이션 사례 수업 후 그룹 토의한다.		

활동과제	1. 가장 인상 깊은 사례를 이야기해 본다. 2. 어떤 커뮤니케이션 문화가 있는 회사에 취업을 희망하는지 이야기해 본다.
활동방법	1. 몇 명씩 그룹을 편성하여 토론을 통하여 의견을 수집한다. 2. 각 의견들이 주는 중요한 메시지(개인 및 기업)에 대하여 발표한다.
Feedback	

Active Running

교과목	CS 피부미용 고객관리	담당교수	
날 짜	20 년 월 일	이 름	
13주차 활동주제	원활한 사내 커뮤니케이션을 위한 갈등관리를 연습한다. 사례 1. 습관적으로 지각하는 동료 때문에 힘들 경우		

활동과제	1. 자신의 경험을 이야기한다. 2. 각 갈등 유형에 대한 해결방법을 토론한다. 3. 갈등 유형별로 해결방안을 제시한다.
활동방법	1. 몇 명씩 그룹을 편성하여 토론을 통하여 의견을 수집한다. 2. 각 의견들이 주는 중요한 메시지(개인 및 기업)에 대하여 발표한다.
Feedback	

Active Running

교과목	CS 피부미용 고객관리	담당교수	
날 짜	20 년 월 일	이 름	
13주차 활동주제	원활한 사내 커뮤니케이션을 위한 갈등관리를 연습한다. 사례 2. 이기적인 동료가 있다면?		

활동과제	1. 자신의 경험을 이야기한다. 2. 각 갈등 유형에 대한 해결방법을 토론한다. 3. 갈등 유형별로 해결방안을 제시한다.
활동방법	1. 몇 명씩 그룹을 편성하여 토론을 통하여 의견을 수집한다. 2. 각 의견들이 주는 중요한 메시지(개인 및 기업)에 대하여 발표한다.
Feedback	

Active Running

교과목	CS 피부미용 고객관리	담당교수	
날 짜	20 년 월 일	이 름	
13주차 활동주제	원활한 사내 커뮤니케이션을 위한 갈등관리를 연습한다. 사례 3. 수시로 고집피우며 자신의 의견을 주장하는 동료가 있다면?		

활동과제	1. 자신의 경험을 이야기한다. 2. 각 갈등 유형에 대한 해결방법을 토론한다. 3. 갈등 유형별로 해결방안을 제시한다.
활동방법	1. 몇 명씩 그룹을 편성하여 토론을 통하여 의견을 수집한다. 2. 각 의견들이 주는 중요한 메시지(개인 및 기업)에 대하여 발표한다.
Feedback	

Active Running

교과목	CS 피부미용 고객관리	담당교수	
날 짜	20 년 월 일	이 름	
13주차 활동주제	원활한 사내 커뮤니케이션을 위한 갈등관리를 연습한다. 사례 4. 항상 부정적인 말을 하는 동료가 있다면?		

활동과제	1. 자신의 경험을 이야기한다. 2. 각 갈등 유형에 대한 해결방법을 토론한다. 3. 갈등 유형별로 해결방안을 제시한다.
활동방법	1. 몇 명씩 그룹을 편성하여 토론을 통하여 의견을 수집한다. 2. 각 의견들이 주는 중요한 메시지(개인 및 기업)에 대하여 발표한다.
Feedback	

핵심문제 풀이 *Active Running*

1. 다음 (　　) 안에 알맞은 낱말을 적으시오.

① 공식 관계에 따른 커뮤니케이션 중 (　　　)은 수직적 조직문화에서 상사에게서 부하에게 명령, 작업 지시, 정책과 절차 등이 전달되는 방식이다.

② (　　　)은 수평적 조직문화 안에서 형성되고 평등성을 바탕으로 수평적 교류를 하는 문화적 특성을 가지며, 핵심적인 역할이 특정인에게 집중되지 않는 분산형 네트워크가 형성되어 유지된다.

2. 다음 문제가 옳으면 ○, 틀리면 ×표 하시오.

① 경영진의 계층이 많을 때 커뮤니케이션은 느리며, 각각의 명령 체계에 속한 사람들의 의견을 반영하기 때문에 메시지가 왜곡되기도 한다.(　　)

② 마케팅, 경영, 연구, 회계, 생산 등 각 부문의 전문가가 모여서 계층 조직을 없앤 팀을 구성할 경우 커뮤니케이션은 직접적이고 효율적으로 변화한다.(　　)

③ 인터널 마케팅 활동은 서비스 전달과정에서 고객과 직접 접촉하는 직원을 대상으로, 이들에게 서비스 마인드를 갖추고 고객지향적인 행동을 하도록 동기를 부여하는 것을 말한다.(　　)

④ 고객을 만족시키려면 회사는 직원을 만족시켜야 한다. 이때 현금 보너스, 인정 프로그램, 경품 등의 공정한 보상 시스템은 직원의 동기 유발을 이끌어낼 수 있다.(　　)

3. 다음 빈 칸을 채우시오.

① 조직 내에서 서로의 성공을 진심으로 바라고 도와주는 상사와 동료의 ________은 개인의 행복은 물론 조직의 발전에도 기여한다. '직장 만족', '직무 몰입', '팀 성과인식', '이직 의향' 등 조직 성과 요인에 큰 영향을 미친다.

② ________ 은 직장 선 · 후배 간에 1:1로 업무 지도와 조언을 통해 멘티가 빠르게 배울 수 있고 회사를 위해 중요한 기술을 잘 습득할 수 있게 해주며, 팀워크가 발전할 수 있게 해 준다.

Chapter 4 커뮤니케이션

14th week

외부 고객을 위한 커뮤니케이션

학습 목표

- 협상의 의미를 설명할 수 있다.
- 외부고객에게 적절한 협상전략을 활용할 수 있다.
- 외부고객을 설득하는 방법을 적용할 수 있다.
- 컴플레인과 클레임이 차이를 설명할 수 있다.
- 외부고객의 유형에 따라 불만을 대처할 수 있다.

명 언

변명 중에서도 가장 어리석고 못난 변명은 "시간이 없어서"라는 변명이다.

by 에디슨(Thomas Alva Edison), 발명가, 1847~1931

1. 협상

1. 협상의 개요

'협상하다(negotiate)'는 라틴어 'negtir'에 뿌리를 두고 있다. 'tir'(여가)이라는 어근+ 'neg'(부정의 의미)가 붙어 '여가없이 활동하다'에서 '업무를 수행한다'는 의미로, 또 '협상하다'의 의미로 변형된 단어이다.

자신의 욕구 충족 + 상대방으로부터 최선의 것을 얻기 위함

↓

갈등상태에 있는 이해 당사자들이 대화와 논쟁을 통해 서로를 설득하여 문제를 해결하려는 정보전달 과정이자 의사결정 과정이다.

표 4-1 협상의 개념

의사소통차원	자신들의 욕구를 충족시키기 위해 이해 당사자들이 상대방으로부터 최선의 것을 얻어내기 위해 상대방을 설득하는 커뮤니케이션 과정이다.
갈등해결차원	대화를 통해서 갈등관계에 있는 이해 당사자들이 갈등을 해결하고자 하는 상호작용 과정이다.
의사결정차원	둘 이상의 이해 당사자들 모두 여러 대안들 가운데서 수용 가능한 대안을 찾기 위한 의사결정 과정이다.
교섭차원	선호가 서로 다른 당사자들이 합의를 위해 공동으로 의사를 결정하는 과정이다.
지식과 노력 차원	우리가 얻고자 하는 것을 가진 사람의 호의를 유도하기 위한 것에 관한 지식과 노력이다.

2. 협상의 5단계

협 상 과 정	내 용
협상 시작	• 협상 당사자들간의 상호 친근감 생성 • 간접적 방법으로 협상의사를 전달 • 상대방의 협상 의지를 확인
상호 이해	• 갈등문제의 진행 상황과 현재의 상황을 점검 • 적극적 경청 및 자기주장 제시 • 협상대상 안건 결정
실질 이해	• 표면적으로 주장하는 것 이면의 실제로 원하는 것을 발견 • 분할과 통합 기법을 활용하여 이해관계를 분석
해결 대안	• 개발한 대안들 평가 • 최선의 대안에 대한 합의 후 선택 • 대안 이행을 위한 실행계획 수립
합의 문서	• 합의문서상의 합의내용, 용어 등을 재점검 • 합의문서 작성 및 서명

3. 협상이 성립되기 위한 4가지 요건

① 쟁점이 있어야 한다.

② 서로의 필요가 충족되어야 한다.

③ 협상에서 이득이 많아야 한다.

④ 협상을 이루려는 타결 의지가 있어야 한다.

4. 협상 전략의 상황적 적용

전략	유용한 경우
협력전략 (문제해결전략)	• "I Win, You Win, We Win"전략 • 협상 당사자들 서로가 정보를 많이 공유하고 있는 경우 • 협상 당사자간에 신뢰가 쌓여 있는 경우 • 우호적 인간관계의 유지가 중요한 경우
유화전략 (양보전략)	• "I Lose, You Win"전략 • 결과보다 상대방과의 인간관계 유지를 선호하는 경우 • 상대방과의 충돌을 피하고, 상대방의 이익이 더 중요할 경우 • 단기적으로는 손해라도 장기적 관점에서 이익이 되는 경우
회피전략 (무행동전략)	• "I Lose, You Lose, We Lose"전략 • 자신이 얻는 이익과 인간관계 모두에 관심이 없는 경우 • 협상의 가치가 매우 낮은 경우 • 쟁점해결이 협상 이외의 방법으로도 가능한 경우
강압전략 (경쟁전략)	• "I Win, You Lose"전략 • 상대방과 신뢰감, 인간관계가 나쁜 경우 • 자신의 이익을 극대화해야만 하는 경우 • 자신의 힘이 상대방보다 강한 경우

그림 4-1 win-win 전략 & lose-win 전략

5. 바람직한 협상 & 협상의 오류

바람직한 협상	협상의 오류
• 상대방을 이해한다. • 상호 간 대화를 사용한다. • 관점을 다양화한다. • 주변 자원을 활용한다.	• 자신의 구도를 고집한다. • 이기는 것에 대해 집착한다. • 이분법적인 가치를 가진다. • 자신의 최초 입장에 몰입한다.

6. 한국의 협상 문화

① **장유유서** : 나이에 따른 서열화를 강조하여 의사소통의 어려움과 제한이 발생한다.

② **권위주의** : 갈등을 협상한다는 자체가 권위를 실추시킨다고 여긴다.

③ **비합리성** : 우리 사회에 협상문화의 정착을 방지하는 원인이 되기도 한다.

④ **조폭식 문제해결** : 논리와 합리 대신 억지를 사용하고 개인의 감정을 협박하고 위협하는 패턴을 가진다.

⑤ **흑백논리** : 권위주의적 문화는 중립적인 것을 수용하지 않는 편중된 사고방식을 유발한다.

Check Point

닻 내리기 효과(Anchoring Effect)

앵커링 효과로 배가 정박할 때 닻을 내려서 움직이지 않게 하는 상태를 인간의 심리현상으로 설명한 표현으로 배에 바다 아래로 내리는 닻이 있는 것처럼 사람도 마음 깊은 곳에 내리는 것이 있다는 것이다.

바로 '처음 접하는 정보'가 정신적 닻으로 작용해 이후에 영향을 미치게 된다는 의미이다.

가격협상에서 자신이 원하는 것보다 훨씬 큰 것을 상대방에게 요청, 이를 거절하면 요구의 규모를 조금씩 축소하면서 결국 자신이 원하는 것을 얻어 내는 전술방법에 활용된다.

성공적 협상을 위한 14가지 원칙

Check Point

① 첫 번째 제안은 거절하기
② 이럴 때 어떻게 할 지를 반복하기
③ 양보를 협상이라 생각하지 말기
④ 다급한 사정을 상대에게 알리지 말기
⑤ 양보해야 한다면 조건을 달기
⑥ 위임자를 활용하기
⑦ No라고 말하지 않기
⑧ 문화적 차이를 인식하기
⑨ 외양에 속지 말기
⑩ 교착 상태에 빠졌을 때 일보 후퇴하기
⑪ 눈앞의 이익에 집착하지 말기
⑫ 상대방의 단점을 찾아서 활용하기
⑬ 상대방의 술수에 대비하기
⑭ 바이어 마켓(market)에서 사고 셀러 마켓(market)에서 팔기

윈윈(Win-Win) 전략

Check Point

브렛 교수는 12일 IKP센터에서 주한 외교단과 국내·외 기업인 100여명이 참석한 가운데 열린 특별강연에서 "협상 시엔 자신의 이익만큼 상대방의 이익도 고려해야 한다"고 강조했다. 브렛 교수는 "한국인들은 협상을 할 때 상대방의 이익을 감안하지 않고 오로지 자신의 이익만 추구하는 습관이 있다"며 "협력적인 자세로 협상에 임해야 협상의 목표인 '윈윈(Win-Win)', 즉 쌍방의 가치 창출이 가능하다"고 말했다.

(문화일보, 2007. 12. 12)

2. 설득(Persuasion)

1. 설득의 정의

나의 주장을 상대방이 이해, 납득, 공감하여 심리적 · 행동적 변화를 일으키는 행동이며, 상대방의 목적을 이루고자 의사표현을 하고 서로 의미를 공유하는 과정으로 협상과정에서 상대방의 설득은 필수이다.

2. 설득의 5단계

설득과정	내 용
귀를 기울인다	• 상대방의 말에 주의를 기울이는 단계
이해한다	• 상대방 말의 의미를 머리로 이해하고 수긍하는 단계 • 논리적 합당에 대한 관심이므로 동조나 공감이 아닌 단순한 이해를 의미
납득한다	• 상대방의 말에 수긍하고 판단하는 단계 • 상대의 요구를 받아들일만한 가치가 있는 것인지 판단
결정한다	• 상대방의 말을 이해하고 충분히 납득한 후 받아들일 것인지, 아니면 무시할 것인지 의사를 결정하는 단계
실행한다	• 설득의 결과에 해당하며 실제로 태도를 정하고 행동으로 옮기는 단계

3. 설득전략

설득전략	의미
See-Feel-Change 전략	• 시각화하여 직접 보게 하고 느끼게 하여 변화시켜 설득하는 전략
상대방 이해 전략	• 상대방에 대한 이해를 바탕으로 갈등을 해결하는 전략
호혜관계 형성 전략	• 혜택을 주고받은 호혜관계 형성을 통해 협상하는 전략
헌신과 일관성 전략	• 서로 기대하는 바에 일관성을 가지고 헌신적으로 행동하여 협상하는 전략
사회적 입증 전략	• 과학적인 논리보다 사람들의 행동에 의해서 상대를 설득하는 전략
연결 전략	• 갈등 문제와 갈등관리자를 연결시키는 것이 아니라 갈등을 유발한 사람과 관리자를 연결시켜 설득하는 전략
권위 전략	• 외모나 전문성, 직위 등을 이용하여 협상을 용이하게 하는 전략
희소성 해결 전략	• 인적, 물적 자원 등의 희소성을 해결하여 협상을 용이하게 하는 전략
반항심 극복 전략	• 억압할수록 반항하게 될 가능성이 높아지므로 이를 피해 협상하는 전략

4. 설득의 원리와 원칙

① 상대를 하나의 인격체로 인정해야 한다.

② 목적, 과정, 수단에 있어서 타당해야 한다.

③ 내용, 표현, 상황에 있어서 논리적이어야 한다.

④ 구체적 조건성이 포함되어야 한다.

5. 외부고객을 설득하는 의사표현 방법

① 'Yes'를 유도하여 설득 분위기를 조성한다.

상대방이 긴장을 풀고 반사적으로 'Yes'라고 대답할 수 있는 평범한 질문을 의도적으로 하며 'Yes'라고 대답할 확률을 높인다.

② 대비 효과로 분발심을 유도한다.

상대방에게 대비되는 조건을 동시에 제시하여 큰 손해를 입기보다는 작은 손해를 감당하는 것이 이익이라는 심리를 활용하여 손해가 덜한 것을 선택하도록 한다.

③ 여운이 남는 말로 고객 감정을 완화한다.

설득력 없는 고객의 요구임에도 자신의 요구가 부당한 것이 아니라고 할 때, "잘 알겠습니다."라고 하여 더 이상 말을 꺼내지 못하게 한다. 그러나 이 대답은 '확답'이나 '승낙'의 의미를 포함하지 않는다.

④ 하던 말을 멈춤으로써 고객의 주의를 유발한다.

대화 중 소리에 변화를 주어 고객의 주의를 유발하여 효과적인 설득을 시도한다.

⑤ 동조심리를 이용하여 설득한다.

다른 사람들과 같은 행동을 하고 싶어하는 심리 즉, 유행이라는 현상을 따르려는 동조심리를 이용한다.

⑥ 겉치레 양보로 기선을 제압한다.

상대방 스스로가 논리의 약점을 인정하게 하는 전략으로 설득이 교착 상태에 빠진 경우에 주효하게 사용된다.

Check Point

조 지라드(Joe Girad)의 설득방법

① 상대에게 말할 시간을 충분히 준다.
말을 많이 하는 사람보다 겸손한 태도를 보이며 경청하는 사람을 좋아함

② 대화시작 5분, 마지막 5분에 집중한다.
끝까지 끊임없는 갈등, 갈등을 되돌릴 수 있는 마지막 5분

③ 상대의 가능성을 먼저 제시한다.
상대를 분발시키고 능력을 최대한 발휘시키기 위함

④ 상대의 고정관념을 깨뜨려야 한다.
먼저 상대의 심리에 본질적으로 접근하려는 의지를 보여야 함

⑤ 상대가 자기합리화를 하도록 부추긴다.
사람은 본능적인 자기합리화로 자신을 보호

⑥ 상대에게 설득 내용의 가치를 인정하게 한다.
권위자의 증언, 증명, 데이터, 실물을 제시

3. 컴플레인(Complain)과 클레임(Claim)

1. 컴플레인과 클레임의 원인

컴플레인은 고객이 상품 구매 시 품질, 서비스 불량 등을 이유로 주의정도의 불만을 제기하는 것을 말한다. 클레임은 컴플레인보다 조금 더 강한 불만사항을 나타내는 것으로 상대방의 잘못된 행위에 대해 시정을 요구하는 것을 말한다. 고객의 클레임은 정신적, 물질적, 법적 등의 보상으로 해결해야 하는 경우가 많다.

고객의 컴플레인과 클레임은 매장 운영에 있어서 시정해야 할 운영 및 관리적 문제와 관련이 있으며 매장에서는 고객의 불만사항을 처리할 수 있는 시스템들을 도입하고 직원 교육을 통해 고객의 불만사항을 최소시간 안에 해결할 수 있어야 한다.

① 서비스에 대한 불만족한 고객이 불평하게 된다.

② 고객은 직원에게 불만이 있을 수도 있지만 대부분 회사에 불만이 있는 것이다.

③ 서비스 불만족에 대한 고객의 불평은 종종 거친 말로 표현하게 된다.

④ 서비스의 불평에 대한 개선 약속과 사과를 원한다.

⑤ 적극적인 경청과 진정성 있는 사과는 대부분 쉽게 불평을 해소시킬 수 있다.

2. 고객의 불만 단계

고객의 불만표출단계는 3단계로 구분할 수 있다. 예를 들어 피부관리를 받은 직후 지불한 대가에 비해 기대 이하의 서비스에 대한 불만족으로 인해 단순한 투덜거림으로 불만족을 표현할 수 있는데, 이때 서비스 담당 직원이 적극적으로 경청하지 않고 불만족에 대해 응대하지 않는다면 고객은 자존심에 큰 상처를 받게 되고 서비스의 불만족을 주변 지인들에게 알리게 된다.

이때까지도 해당 직원이 불만족한 고객에게 진정성 없는 응대로 일관하였다면, 고객의 불만은 더욱더 가중되어 최대한 과장법을 적용하여 피부관리실 불매운동을 벌이게 될 것이다. 이러한 과정은 단순한 투덜거림의 서비스 불만족이 결국 주변 지인들에게까지 서비스 불만족 매장으로 낙인찍히는 상황이 충분히 일어날 수 있다.

그림 4-2 고객불만 원인

1) 고객 불만 표현 방법

① **직접 호소** : 서비스에 대한 불만족은 말로 표현한다.

② **인터넷, 게시판** : 내부 및 외부고객 뿐만 아니라 불특정 다수가 알 수 있도록 표현한다.

③ **편지, 문서** : 불만사항을 이메일 또는 문서 등으로 증거를 남기며 표현한다.

④ **고객센터 상담** : 고객센터에 불만사항을 신청하고 상담을 요청한다.

⑤ **법적인 호소** : 소비자보호원, 법률기관 등에 불만족에 대한 해결방안을 호소한다.

3. 고객의 불만 처리 과정

고객이 서비스에 대한 불만이 표출되면 곧바로 불만사항을 정확히 파악하고 원인을 분석하여 이를 처리하는 시스템이 갖추어져야 한다. 따라서 고객의 불만 처리 원칙을 준수하여 응대하는 것이 바람직하다. 고객의 불만처리 원칙에는 공정성이 있어야 하고, 고객의 프라이버시를 존중하며 고객의 입장에서 효과적인 대응을 마련해야 한다. 또한 담당부서에서는 고객 불만사항의 사례를 공유하여 서비스와 관련된 매장의 운영, 관리부분을 다시 점검하도록 해야한다.

1) 고객의 불만 처리 원칙

① **공정성 유지** : 지불한 대가에 못미치는 서비스라는 생각에 불만을 제기하면, 공정하게 처리해야 한다.

② **효과적 대응** : 적절한 시기에 적절한 대응이 필요하며 관대하게 보상한다.

③ **개인 프라이버시 존중** : 고객의 정보는 철저히 비밀로 해야 한다.

④ **사례공유** : 사례와 처리결과는 반드시 직원간에 공유하여 재발을 방지한다.

2) 고객의 불만 처리 과정

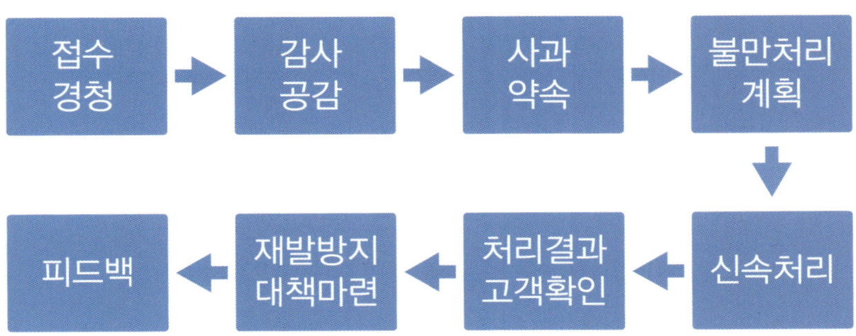

그림 4-3　불만 처리 과정 8단계

단계	내용
접수, 경청	• 불만사항에 대한 문제를 정확히 파악하기 위해 고객의 말을 경청하고 기록
감사, 공감	• 문제점을 인지시켜주고 해결할 수 있는 기회를 준 것에 감사표시 • 불만과 관련된 내용에 대한 공감표시
사과, 해결약속	• 고객불만 사항에 대해 진정성 있는 사과 • 빠른 시일에 문제를 해결할 것을 약속
불만처리 방안 계획	• 불만사항 점검 • 불만사항 처리 방안을 계획
신속처리	• 불만사항을 신속하게 처리 • 불만사항 재발방지 약속
처리결과 고객확인	• 불만처리 결과에 대한 고객만족 여부 확인
재발방지 대책마련	• 문제점을 점검하고 해당 부서와의 긴밀한 협의를 통해 서비스 측면 관련 표준화
피드백	• 불만사항의 원인과 처리결과를 토대로 개선사항을 점검

4. 고객의 유형별 불만대처

고객은 다양한 원인에 의해 불만족을 표현할 수 있다. 이때 고객의 유형을 정확하게 파악하여 대처하게 된다면 문제해결 과정이 원만하게 이루어지게 되며, 문제해결 후에도 지속적인 고객 유지로 인해 매출이 향상될 수 있는 긍정적인 결과가 나타나게 된다. 따라서 직원은 일괄적인 고객의 불만 대처 원칙을 지키되, 고객 유형별 맞춤형 대응이 무엇보다 중요하다.

표 4-2 고객의 유형

거만형	• 최대한 정중하게 예의를 갖추어 응대한다. • 자존심을 세워준다. • 고객 자신의 과시욕이 발산할 때 충분히 인정한다.
의심형	• 분명한 증거 및 사례를 제시한다. • 문제점을 충분히 인지하였음을 알리고 확고한 표현과 태도를 보인다. • 책임자가 직접 대응하도록 한다.
트집형	• 고객의 말을 경청하고 맞장구를 쳐준다. • 트집잡힐 언행이 없도록 각별히 신경쓰도록 한다. • 고객의 감정을 최대한 자극하지 않는다. • 고객이 문제 시 하고 있는 부분을 차분히 설명하여 이해시킨다. • 고객의 요구가 정당한 것에 대해서는 성의있게 응대한다. • 잘못에 대해 변명하지 않고 곧바로 사과한다.
조급형	• 서비스에 최선을 다하는 진정성을 보여준다. • 직원의 실수로 약속시간이 늦어진 경우 곧바로 사과하며 추가 서비스를 제공할 것을 약속한다. • 명쾌한 화법을 구사한다.
명랑형	• 예의바르고 밝은 표정으로 대응한다. • 상대방의 쾌활함에 자칫 예의에 어긋남이 없도록 언행에 각별히 신경쓰도록 한다. • Yes, No를 명확하게 표현하며 대응한다.

Active Running

교과목	CS 피부미용 고객관리	담당교수	
날 짜	20 년 월 일	이 름	
14주차 활동주제	고객 컴플레인과 클레임의 원인 및 그에 대한 협상방법에 대해 생각해 보자.		

활동과제	1. 협상이 기업에서(피부관리실) 무슨 이유 때문에 필요한 것인지 각자의 생각을 적어보자. 2. 다음 사례를 보고 한국인의 협상문화를 고려하고 윈윈(Win−Win)전략을 활용하여 합리적 협상법을 적용하여 보자. 사례) 피부관리실에서 55세의 여성고객이 10회 관리 프로그램의 가격이 경쟁업체보다 20% 비싸다며 가격 조정을 원하였다. • • • 3. 다음의 사례를 보고 설득의 5단계를 활용하여 재 티켓팅을 가능하도록 적용하여 보자. 사례) 피부관리실에서 10회 관리 프로그램을 모두 마친 얼굴 피지과다의 문제성 피부를 가지고 있는 25세의 여성고객이 재 티켓팅을 고민하고 있다. • • • 4. 컴플레인과 클레임의 원인을 적어보자.

<table>
<tr><td></td><td>5. 다음의 사례를 보고 고객의 불만 처리원칙과 처리과정, 고객유형을 고려한 고객 불만 대처 방법을 적용하여 보자.

사례 1) 피부관리실에서 1년 이상 꾸준히 관리 받던 명랑형 고객이 기존에 담당했던 직원의 부재로 다른 직원에게 관리를 받고 불만족스럽다며 1회 관리 환불을 요청하고 있다.
•
•
•

사례 2) 상담전화를 통해 처음 피부관리실에서 고가의 관리를 받은 고객이 지불한 관리비용에 대하여 피부관리가 만족스럽지 못하다며 불만을 표현하였다. 이렇게 관리를 10회 받으면 정말 피부가 좋아지는지 계속 의심하며 관리 프로그램을 신뢰하지 않고 있다.
•
•
•

사례 3) 피부관리실에서 하체관리를 받던 고객이 관리직원이 성의없이 관리하여 기분이 나쁘다며 관리도중 관리 중단을 요청하였다. 이 고객은 피부관리실에서 10회 이상 하체관리를 받은 고객으로서 반드시 손으로만 관리를 요청한다고 피부관리 차트에 메모가 되어있었으나 관리직원이 이를 확인하지 못하고 수기관리의 비중보다 기기 관리 등으로 고객을 만족시키지 못하였다.
•
•
•</td></tr>
<tr><td>활동방법</td><td>1. 몇 명씩 모둠을 편성하여 토론을 통하여 사례를 수집한다.
2. 각 사례들이 주는 중요한 메시지(개인 및 기업)에 대하여 발표한다.</td></tr>
<tr><td>Feedback</td><td></td></tr>
</table>

핵심문제 풀이 Active Running

1. 다음 (　　) 안에 알맞은 낱말을 적으시오.

① (　　　)은 갈등상태에 있는 이해 당사자들이 대화와 논쟁을 통해 서로를 설득하여 문제를 해결하려는 정보전달과정이자 의사결정과정이다.

② (　　　)은 나의 주장을 상대방이 이해, 납득, 공감하여 심리적 · 행동적 변화를 일으키는 행동이며, 상대방의 목적을 이루고자 의사표현을 하고 서로 의미를 공유하는 과정이다.

③ 설득의 과정은 (　　　) → 이해한다 → 납득한다 → 결정한다 →실행한다. 5단계로 이루어진다.

④ (　　　)은 고객이 상품 구매 시 품질, 서비스 불량 등을 이유로 주의정도의 불만을 제기하는 것을 말한다.

⑤ (　　　)은 조금 더 강한 불만사항을 나타내는 것으로 상대방의 잘못된 행위에 대해 시정을 요구하는 것을 말한다.

2. 다음 문제가 옳으면 ○, 틀리면 ×표 하시오.

① 설득상대를 하나의 인격체로 인정해야 한다. (　　)

② 목적, 과정, 수단에 있어서 타당해야 한다. (　　)

③ 내용, 표현, 상황에 있어서 감정적이어야 한다. (　　)

④ 불만처리과정은 불만사항에 따라 공정성 보다는 융통성 있게 대처해야 한다. (　　)

⑤ 고객불만 사항에 대해 진정성 있는 사과는 반드시 필요하다. (　　)

3. 다음을 바르게 연결하시오.

협력전략 •	• Lose – Lose 전략
유화전략 •	• Win – Win 전략
회피전략 •	• Lose – Win 전략
강압전략 •	• Win – Lose 전략

4. 다음은 불만처리 과정이다. 순서에 맞게 빈 칸을 채우시오.

접수, 경청 → ①(　　　　　) → ②(　　　　　) → 불만처리계획 → ③(　　　　　) → 처리결과 확인 → ④(　　　　　) → 피드백

핵심문제 정답 및 풀이 *Answer*

[2 주차 직업윤리와 인성]

1. ① 직업윤리 ② 자진해서 하는 근면
2. ① × ② ○ ③ ○ ④ ○
3. ① 소통, 매출, 기대하는 바 ② 배려

[3 주차 말하기를 통한 이미지 메이킹]

1. ① 메라비언 ② 복식
2. ① ○ ② × ③ × ④ ×
3. ① 시술 받으신 비용은 십만원입니다.
   ② 사장님~, 부장님은 조금 전에 퇴근했습니다.
   ③ 아버지~, 식사하세요. 또는 진지 잡수세요.
   ④ 제 남편이 그렇게 말했습니다.

[4 주차 뷰티스타일링을 통한 이미지 메이킹]

1. ① 표정 ② 입 ③ 마인드콘트롤 ④ 감각적, 직관적 ⑤ 소재, 색상, 액세서리, 메이크업
2. ① ○ ② × ③ ○ ④ ○ ⑤ ○
3. ① 필립 코틀러(Philip Kotler)

[6 주차 매너와 에티켓의 이해]

1. ① 에티켓 ② manus, arius ③ 내부, 외부 ④ 인사 ⑤ 목례
2. ① × ② × ③ ○ ④ × ⑤ × ⑥ ○ ⑦ ○ ⑧ ○
3. ① 의자 왼쪽으로 들어가서 의자 반보 앞에 선다. → 어깨 너머로 의자 위치를 확인하면서 스커트를 살짝 쓸어내리며 앉는다.
   ② 한쪽 발을 뒤로 놓는다. → 한 번에 일어선다. → 뒤의 발을 앞으로 모아 선다.

[7 주차 전화응대 서비스 매너]

1. ① 전화 ② 청각적 ③ 네티켓
2. ① ○ ② ○ ③ ○ ④ ○ ⑤ ○
3. ① 시각적, 청각적, 단어 ② 전화응대 333법칙 ③ 경청

[10 주차 내부고객의 심리]

1. ① 내부고객, 공동의 목표와 이익 ② 상호권력관계, 구성원의 행동을 조정하는 체계
2. ① × ② ○ ③ × ④ ×
3. ① 교환관계, 높은 수준의 교환관계, 개방적인 의사소통, 위협이나 요구
   ② 상호보완적, 외향성의 사람들, 행동지향적
   ③ 내향성의 사람들, 관념적 사고

[11 주차 외부고객의 심리]

1. ① 외부고객 ② 생산성의 원천, 품질 · 가치 · 만족에 기영하는 공헌자, 경쟁자
2. ① ○ ② ×
3. ① 존중기대심리 ② 모방심리
4. 관심–흥미–연상 및 욕망–비교 · 검토–신뢰–행동–만족
5. ① 고객이 흥분상태를 인정하고 직접적으로 진정할 것을 요청하기보다는 우회화법을 활용한다.
   ② 이야기를 잘 들어주고 고객을 끄덕이며 수긍조의 말이나 태도를 보여주며 응대한다.
   ③ 회사 사항을 이해시키면서 이야기 하되 규정 등을 강조하지 말고, 고객의 입장을 충분히 이해하고 있음을 알려주며 설득한다.
   ④ 질문으로 대응하되 자존심을 건드리지 않는다.

[12 주차 커뮤니케이션의 개요 및 목적]

1. ① 커뮤니케이션 ② 경청 ③ 쿠션
2. ① ○ ② ○ ③ ×
3. ① 언어, 비언어 ② 피드백 ③ 맞장구 ④ 감성지능

[13 주차 내부고객을 위한 커뮤니케이션]

1. ① 하향식 커뮤니케이션 ② 수평적 커뮤니케이션
2. ① ○ ② ○ ③ ○ ④ ○
3. ① 직장 프랜드십 ② 멘토링 프로그램

[14 주차 외부고객을 위한 커뮤니케이션]

1. ① 협상 ② 설득 ③ 귀를 기울인다 ④ 컴플레인 ⑤ 클레임
2. ① ○ ② ○ ③ × ④ × ⑤ ○
3. 협력전략 – win-win전략, 유화전략 – lose-win전략
   회피전략 – lose-lose전략, 강압전략 – win-lose전략
4. ① 감사, 공감 ② 사과, 약속 ③ 신속처리 ④ 재발방지

참고 문헌

- CS 리더스 자격연구회 공저, "국가공인 CS Leaders(관리사) 자격증 수험서", 한국CS표준교육센터, 2011.
- CS리더스 관리연구소, "CS 리더스 관리사", ㈜시대고시기획, 2011.
- CS리더스 자격연구회 이서희 저, "CS 관리사", 지식날개, 2017.
- 강민정, "MBTI 성격유형, 직무만족, 고객지향성 및 이직의도 간의 관계에 관한 연구", 울산대학교 경영대학원 학위석사논문, pp.10~12, 2014.
- 강민정, "영업사원의 관계판매행동이 영업성과 및 직무만족에 미치는 영향(MBTI 성격유형의 조절효과를 중심으로". 부산대학교대학원 경영컨설팅학과 박사학위논문. pp.26~32, 2018.
- 고두현, "시 읽는 CEO", "처음 시작하는 이에게", 21세기북스, 2016.
- 공자, 박 훈 옮김, "인생의 절반쯤 왔을 때 읽어야 할 논어", 탐나는 책, 2017.
- 구현정, 전영옥, "의사소통의 기법", 박이정, 2005.
- 국립국어원, 사전국어지식, 표준어규정, 제2부 표준발음법.
- 국제서비스경영교육원, "SMAT 서비스경영능력시험(Module A)", 주)시대고시기획, 2015.
- 권금택, "제3판 전략적 고객관계관리", 대명출판사, 2006.
- 김경호, "이미지 메이킹의 개념정립과 프로그램의 효과성 분석 연구" , 명지대학교, 2004.
- 김동규, 이영찬, "직업윤리", 학교법인 기능대학, 2000.
- 김민지, "외모가 현대 사회의 성공에 미치는 영향에 대한 연구", 숙명여자대학교, 2008.
- 김세정 외 2인, "고객관계관리", 구민사, 2016.
- 김소형, "여성의 몸 이야기 – 무엇이 바른 자세인가?", 한국YWCA 웹진 통권 429호, 2016.
- 김수현 글 · 그림, "나는 나로 살기로 했다", 마음의 숲, 2018.
- 김애경, "패션 컬렉션에 나타난 Head Image 연구", 부산대학교 대학원, 2003.
- 김은경, 송기인, "감성과 신뢰의 스피치기법", 커뮤니케이션 북스, 2014.
- 김은숙, 이은우, 최윤정 외 7명 공저, "미용경영학", 메디시언, 2018.
- 김이준 외, "대학생을 위한 진로와 취업", 가담, 2016.
- 김정아 외, "병원코디네이터", 수문사, 2015.
- 김종갑, 김철원, 황지영, "고등학교 비즈니스 커뮤니케이션", 한국학력평가원, 2016.
- 김준호, "고객만족경영", 무역경영사, 2010.
- 김진욱, 최향옥, 장현숙 공저, "NCS기반 직업윤리와 인성", 탑북스, 2017.
- 김향원, "여성의 헤어스타일이 이미지에 미치는 영향에 관한 연구", 숙명여자대학교, 2011.
- 김현숙 저, "좋아하는 것 99%보다 잘하는 것 1%에 승부를 걸어라", 프로방스, 2013.
- 김희진, "뷰티스타일링이 자기이미지에 미치는 영향", 성신여자대학교, 2017.
- 남혜원, 전정희, 전인순, "기본매너와 이미지 메이킹", 새로미, 2015.

- 노영희, 강근영, 박승경, 이효숙, 최미옥, "SMAT MASTER", 한국학력평가원, 2016.
- 박선영, "미용 서비스 종사자(헤어)의 성격유형별 서비스 지향성과 고객지향성의 관계(MBTI를 중심으로". 서경대학교대학원 미용예술학과 석사학위논문 pp.36~45, 2011.
- 박유나, "TV 드라마이상 스타일링이 소비자행동에 미치는 영향 연구", 경희대학교, 2012.
- 박현석(역), "전달의 기술", 다연, 2004.
- 박혜정, "CUSTOMER SERVICE(고객 서비스 실무)", 백산출판사, 2010.
- 배상복, "일반인을 위한 글쓰기 정석", 경향미디어, 2006.
- 백지연, "고객응대 실무", 한올, 2018.
- 서여주, "고객응대 실무", 백산출판사, 2018.
- 손일락, 감종삭, "비지니스 매너의 이해", 한올 출판사, 2010.
- 숀 코비, "성공하는 10대들의 7가지 습관", 김영사, 1998.
- 스티븐 코비, "성공하는 사람들의 7가지 습관", 김영사, 1994.
- 스티븐C. 런던 외, "펄떡이는 물고기들처럼", 한언, 2000.
- 심재우, "GE처럼 커뮤니케이션 하라", 일빛, 2004.
- 아니토 요시히토, 이정은 역, "만만하게 보이지 않는 대화법", 홍익출판사, 2018.
- 알프레드 아들러 저 / 김문성 역, "아들러 심리학 활용 가정 · 학교 · 직장 · 사회에서의 이해와 협력", 스타북스, 2015.
- 약손명가, 관리사 성공 사례집 Ⅱ
- 약손명가, 실습생 성공 사례집 Ⅱ
- 약손명가, 실장 성공 사례집 Ⅱ
- 약손명가, 원장 성공 사례집 Ⅱ
- 오정주 외, "비즈니스 매너와 글로벌 에티켓", 한올출판사, 2014.
- 윤세남 외, "국가공인 A SMAT 서비스경영자격", 도서출판 박문각, 2015.
- 윤치영, "설득 · 경청 논박의 기술", 일빛, 2007.
- 이동희, "매너와 이미지메이킹", 형설출판사, 2014.
- 이득규, 이연정, "뷰티매니지먼트와 관리", 훈민사, 2018.
- 이병철 외, "피부미용 고객 상담", 메디시언, 2015.
- 이수경, "이미지 메이킹의 의미에 관현 연구", 한국미용학회지, Vol.11, No.3, pp.300~306, 2005.
- 이숙연 외, "미용서비스론", 청구문화사, 2008.
- 이언영, "토탈 패션이미지 연출에 관한 연구", 이화여자대학교, 2003.
- 이인경, "인파워 & 서비스이미지메이킹", 백산출판사, 2011.
- 이창호, "스피치 달인의 생산적 말하기", 북포스, 2007.
- 이현정, 문가경 공저, "CS 관리사", 신지원, 2014.

- 임소연, 진정화, "미용학과 학생의 성격유형(MBTI)과 진로선택의 관계 연구 A Study on the Relationship between MBTI of Beautytherapy Department Students and their Career Selection 제4권 제1호 통권 제9호(2006.05)", 대한피부미용학회지, 2006.
- 임칠성 역, "대인의사소통", 한국문화사, 1997.
- 임혜경 외, "병원서비스 코디네이터 길라잡이", 새로운 사람들, 2006.
- 장선엽, "미용서비스 관리론", 광문각, 2015.
- 장성은 외, "토탈패션 뷰티코디네이션", 경춘사 p.168, 2008.
- 전형주, 구옥희, 신규옥, "병원코디네이터", 구민사, 2015.
- 정미영, 김상희, 하성이, 임은진, "이미지 메이킹과 서비스 매너", 도서출판 청람, 2006.
- 정영희, "이미지 메이킹을 위한 메이크업의 효과에 관한 연구", 숙명여자대학교, 2008.
- 조우영, "패션잡지에 나타난 스타일링 연구", 홍익대학교 석사학위논문, 2004.
- 중학교 1학년 체육 교과서, 지학사.
- 지수현, "스펙을 이기는 이미지", 양문, 2015.
- 직업기초능력지도과정 자료집, 직업기초능력지도 과정, 서울대 농생대 부설 중등교육연수원, 2005.
- 최영선, "Personal image making을 위한 연출에 관한 연구", 동덕여자대학교, 2005.
- 최영진, "의료서비스 매니지먼트", 수문사, 2018.
- 최영희, "여성리더 힐러리의 뷰티스타일링을 통한 이미지메이킹에 관한 연구", 호서대학교, 2012.
- 최은경, "병원서비스 실무", 수문사, 2017.
- 최정윤, "심리검사의 이해", 시그마프레스, 2016
- 폴 D. 티저, 바버라 배런-티저 공저 / 강주헌 역, "성격을 읽는 법 더 나은 인간관계를 위한 MBTI 성격의 심리학", 더난출판사, 2016.
- 하승희, "서비경영자격(SMAT)". 케듀아이, 2017.
- 하종명, "서비스산업론", 백산출판사, 2011.
- 한국CS경영아카데미, "클레임관리사", 책과나무, 2017.
- 한국산업안전보건공단, "산업보건위생 생활습관과 건강"
- 한국산업인력공단, "기초직업능력 모듈프로그램", 의사소통능력 교수자용 매뉴얼, 2007.
- 한국산업인력관리공단, "NCS직업기초능력학습모듈-직업윤리"
- 한국생산성본부, "SMAT 서비스 경영자격 Module A 비즈니스 커뮤니케이션", 박문각, 2017.
- 한국생산성본부, "SMAT 서비스 경영자격 Module A 비즈니스 커뮤니케이션", 박문각, 2018.
- 허정훈, 김상범, "건강과 능력개발", 한국폴리텍대학, 2007.
- 홍경자, "의사소통의 심리학" 이너북스, 2007.
- 홍란희 외, "클리니컬 아로마테라피와 성분학", 광문각, 2008.

- 황지영, 황연희, "국가공인 SMAT Module A 총정리 문제집", 한국학력평가원, 2017.
- 구글 어학사전
- 네이버 어학사전
- 네이버 지식백과, 조직 심리학 (심리학용어사전, 2014.04, 한국심리학회)
- 두산백과사전
- 신동아, http://shindonga.donga.com
- 위키백과, 리더-구성원 교환 이론 [leader-member exchange theory] (심리학 용어 사전, 2014.04, 한국심리학회)
- 조선일보, www.chosun.com
- 중앙일보, www.joins.com
- 한겨레신문, www.hani.co.kr
- 한국일보, www.hankooki.com
- AM7, www.am7.co.kr
- AOR (Association of Reflexologists), 2009. 3. Stress and illness in the workplace. 〈http://www.reflexology.org.aor/refinfo/refwork.htm〉
- Field T, Sunshine W, Hernandex-Rief, M, Quintino, O, Schanberg, S., & Kuhn, C. 1997, Massage therapy effects on depression and somatic symptoms in Chronic Fatigue Immunodeficiency Syndrome. Journal of Chronic Fatigue Syndrome. 3, pp.43~51.
- Google, brunch.co.kr
- http://blog.naver.com/eob. 2007.8.27
- http://blog.naver.com/pggoma/150087793367.
- http://info.med.yale.edu/library/heartbk/
- http://top77talk.istory.com/110 [날마다 좋은글]
- http://www.pawsativechoice.com/StressandDisease.html
- http://www.stress.org
- http://Youtu.be/NNifGSgzfnO
- https://ko.wikipedia.org
- https://terms.naver.com/
- Katz J, Wowk A, Culp D, Wakeling H. , 1999, Pain and tension are reduced among hospital nurses after on-site massage treatments: a pilot study. J Perianesth Nurs. 14(3), pp.128~33.
- Mark F. Beck, 2006, Theory & Practice of Therapeutic Massage. 4th. edition. Thomson Delmar Learning, pp.582~593.

- Mary Bond, 1993, Balancing Your Body: A Self-Help Approach to Rolfing Movement, Healing Arts Press. pp.101~105.
- MBC Speech & Smart Leader
- Noah W. Webster's New Twentieth Century Dictionary of the English Language. 1975, 2nd. vol. Collins World.
- Paul E. Levy 저 / 문광수 역, "산업 및 조직심리학 (제5판) 직장 그리고 일에 대한 이해", 시그마프레스, 2018.
- Paul M. Muchinsky,Satoris S. Culbertson 공저 / 유태용 역, "산업 및 조직심리학", 시그마프레스, 2016.
- Rice, PL, 1999. Stress and health. Brooks/Cole Publishing Company. 3rd ed.
- Savage BM1, Lujan HL1, Thipparthi RR1, DiCarlo SE2. 2017, Humor, laughter, learning, and health! A brief review. Adv Physiol Educ. Sep 1;41(3):341-347.
- Steiner Education Group, 2008, Massage Core & Variations, FCNH Inc.
- WILLIAMB. MARTIN, "고객 서비스 업무의 실제", 한올출판사, 2012.

찾아보기

Customer Satisfaction

CS 피부미용 고객관리

2019년 3월 15일 초판 인쇄
2019년 3월 20일 초판 발행

저 자 이병철·김현숙·김미나·유은아·강근영
고경륜·김선희·김영은·김은숙·김해남
신규옥·엄미선·윤미연·이수희·이종민
조아랑·최경임·표영희·홍란희

발행인 주병오·주민기

발행처 메디시인

주 소 경기도 파주시 회동길 209
파주출판문화도시
영업팀 (031)955-7566 · 7577
편집디자인팀 (031)955-7731
F A X (031)955-7730
홈페이지 www.ji-gu.co.kr
전자우편 jigupub@hanmail.net
등록번호 2005년 2월 16일 제 406-2005-000045호

ISBN 979-11-86739-80-8 값 22,000원